新三导丛书

机械原理导教·导学·导考

主　编　王　莺　郭春洁
副主编　寻艳芳
主　审　孟庆东

西北工业大学出版社

西　安

【内容简介】 本书是与《机械原理简明教程》（西工大版）教材（以下简称"主教材"）配套使用的教学、学习辅导书。主要目的是帮助教与学"主教材"的读者掌握课程的主要内容，明确重点和要求，解决疑难点.正确完成复习题和习题作业；对全部完成本课程学习后如何总复习进行指导。

应当指明的是：本书虽然是针对前述的"主教材"编写，但每章的学习要求都是遵循国家教育部对本课程制定的教学基本要求编写，因而亦可作为使用其他同类《机械原理》教材的辅导教材。

本书可作为高等工科院校机械类、近机械类本科及机械类专科学生学习"机械原理"课程的辅导教材，也可作为高等职业教育、成人教育的辅助教材。本书亦是参加远程教育（如函大、电大、自学等）的学员，以及准备参加各类相关考试（如考研应试、专升本等）的学生使用。

图书在版编目（CIP）数据

机械原理导教·导学·导考/王莺,郭春洁主编
.—西安:西北工业大学出版社,2019.6
ISBN 978 - 7 - 5612 - 6490 - 4

Ⅰ.①机… Ⅱ.①王… ②郭… Ⅲ.①机构学-高等学校-教材 Ⅳ.①TH111

中国版本图书馆 CIP 数据核字（2019）第 092104 号

JIXIE YUANLI DAOJIAO DAOXUE DAOKAO
机 械 原 理 导 教 · 导 学 · 导 考

责任编辑：付高明	策划编辑：付高明
责任校对：华一瑾	装帧设计：李　飞
出版发行：西北工业大学出版社	
通信地址：西安市友谊西路 127 号	邮编：710072
电　　话：(029)88491757，88493844	
网　　址：www.nwpup.com	
印 刷 者：陕西向阳印务有限公司	
开　　本：787 mm×1 092 mm	1/16
印　　张：11.125	
字　　数：292 千字	
版　　次：2019 年 6 月第 1 版	2019 年 6 月第 1 次印刷
定　　价：35.00 元	

如有印装问题请与出版社联系调换

前　言

本书是与李博洋等编写,由西北工业大学出版社出版的《机械原理简明教程》(西北工大版)教材(以下简称"主教材")配套使用的辅导教材。目的是帮助读者学习"主教材",掌握课程的主要内容,明确重点和要求,正确完成复习题和习题作业;对"机械原理基本实验"和"机械原理课程设计"教学实践环节和总复习环节进行指导。

本书内容分为下述三部分。

(一)主教材各章学习的指导部分(第 1～13 章)

按"主教材"顺序分13章编写。一般每章都有6部分组成。分述如下:

1.本章学习要求:说明本章学习的基本要求,并分别说明应熟练掌握、理解的内容或应了解的有关知识等。

2.本章重点与难点:指出应学习的重点问题及本章的难点所在。

3.本章学习方法指导:系统指导各节学习方法,注意的问题及重点和难点的补充说明。

4.本章考点及典型例题解析:点出本章考核重点、可能的试题形式,并列举各类典型例题解析,并给出参考解答。

5.复习题与习题的解答:对"教材"各章复习题与习题中的计算题部分.作了参考解答(若题答案在主教材或本书中直观就能找到,则只标注答案出处,或作了解题提示)。

6、自我检测题:在"主教材"各章复习完成后,自我检验学习效果,参考解答挂在网上。

(二)机械原理实践部分(第 14～15 章)

1.机械原理实验:对机械原理基本实验进行指导

2.机械原理课程设计:对机械原理课程设计进行指导

(三)总复习的指导部分(附录)

1.总复习指导(附录1):对于学完本课程理论后如何进行全面复习,以及所学主要内容又作了较为系统和明确的交待或提示。

2.复习效果的自我检验题(附录Ⅱ 应试题库):编写本部分的目是为读者系统地学完本章后,提供一个自我检验学习效果的机会;为备考复习作参考。供教师命题和学生总复习应考参考。

应当指明的是:本书虽然是针对前述的"主教材"编写,但每章的学习要求都是按教育部对本课程制定的教学基本要求编写,因而亦可作为使用其他同类《机械原理》教材的辅导教材。

本书可作为高等工科院校机械类、近机械类本科及机械类专科学生学习机械原理课程的辅导教材,也可作为高等职业教育、成人高等教育的辅助教材。

本书亦是参加远程教育(如函大、电大、自学等)的学员,以及准备参加各类相关考试(如考研应试、专升本等)的学生之好帮手。

由上可见，本书是一本具有丰富内容，有别于同类辅助教材、具有一定特色的辅导教材。

本书参编的单位(人员)：青岛科技大学(王莺、彭旭蕊)，山东烟台南山学院(郭春洁)，济宁市技师学院(寻艳芳、亓超)。

编写分工：

王莺：编第 1～5 章；第 14～15 章。

郭春洁：编第 6～10 章；并设计制作电子课件。

寻艳芳：编写第 11～13 章及电子课件设计制作；对总复习的习题作出参考答案。

亓超：对第 1～5 章的例题解进行校对、电算及插图处理；对习题作出了参考答案。

彭旭蕊：设计制作第 1～5 章的电子课件。

本书由王莺和郭春洁任主编，并统稿。

本书承蒙青岛科技大学孟庆东教授审阅，并对本书的构架设计、选材等提出了许多宝贵意见。

在编写过程中，得到了各参编院校的支持。参阅了大量现行的机械原理通用教材及教学辅导教材、题解等有关教学参考书。在此，一并对上述单位和个人表示衷心感谢！

限于笔者的水平，肯定还存在不少缺点和不妥之处，恳请使用本书的广大教师和读者批评指正。

编　者

2018 年 4 月

目　录

第1章 绪 论

1.1 本章学习要求

(1)弄清机器、机构、机械等概念。
(2)了解本课程研究的对象和内容性质和任务。

1.2 本章重点

(1)机器、机构、机械三个概念与区别。
(2)本课程的性质和任务。

1.3 本章学习方法指导

1.机器的组成及特征

(1)通过人们熟悉的自行车和单缸四冲程内燃结构认识机器的三个特征。

(2)通过"主教材"图1.2认识到机构的两个特征(如齿轮机构、凸轮机构等)。

(3)机构中的各个相对运动的实物称为构件,构件是运动的最小单元,而零件是加工的最小单元。因此,一个构件是由一个或若干个零件刚性联接成一体组成。

2.《机械原理》课程的内容、性质和任务

(1)课程的内容。机械原理研究的是有关机器与机构的基本理论。其内容包括机构的结构分析,机构运动学与动力学,常用机构(如平面连杆机构、凸轮机构、间歇运动机构等)的分析与设计,机械系统的方案设计等。

(2)本课程的性质和任务。本课程的性质是重要的技术基础课,任务见主教材。可作一般了解。

3.《机械原理》课程的的学习方法

本课程的学习过程中,将要接触到有关机械的许多名词、概念、标准、几何参数、运动参数和动力参数,以及有关机械研究的一些简化方法和实用方法,这在过去理论基础课程学习中是很少用到的。为此在学习过程中,要注意这些新的特点,要有一定的工程观点,使自己的学习方法和习惯尽快适应这种新的情况。

1.4　本章考点及典型例题解析

1.本章考点

名词、术语、概念题为主。题型主要有填空题、判断题和简答题。

2.典型例题

例题1.1（填空题）　机器是构件之间具有（　　　）运动，并能完成（　　　）或（　　　）构件的组合。

例题1.2（填空题）　机械原理是一门（　　　　）课程。

例题1.3（判断题）　机器的传动部分都是机构（　　　）。

例题1.4（判断题）　互相之间不能作相对运动的物件是构件（　　　）。

例题1.5（判断题）　只从运动方面讲，机构是具有确定相对运动构件的组合（　　　）。

例题1.6（判断题）　机构中的主动件和被动件都是构件（　　　）。

例题1.7（选择题）　机械是指（　　　）。

A.机器的组合体　　　　　B.机构的组合体　　　　　C.机器和机构的总称

例题1.8（简答题）　机器具有什么特征？机器通常由哪三部分组成？各部分的功能是什么？

例题1.9（简答题）　机器与机构有何异同？

例题1.10（简答题）　构件与零件有何区别？

3.典型例题的参考解答

例题1.1【（确定的相对）（机械功）（传递能量）】　例题1.2【（技术基础）】

例题1.3【（√）】例题1.4【（×）】例1.5【（√）】例题1.6【（√）】例题1.7【C】

例题1.8答：机器是执行机械运动的装置，用来变换或能量传递。

机械由三部分组成：

（1）原动机部分　其功能是将其他形式的能量变换为机械能（如内燃机和电动机分别将热能和电能变换为机械能）。原动机部分是驱动整部机器以完成预定功能的动力源。

（2）工作部分或执行部分　其功能是利用机械能去变换或传递能量、物料、信号，如发电机把机械能变换成为电能，轧钢机变换物料的外形，等等。

（3）传动部分　其功能是把原动机的运动形式、运动和动力参数转变为工作部分所需的运动形式、运动和动力参数。

例题1.9答：机器与机构都是由一系列的运动单元体所组成的，且各运动单元体之间都具有确定的相对运动，但是机器可以转换机械能或完成有用的机械功以代替或减轻人们的劳动，而机构则不具备此特征。机器是由机构组成的，一部机器至少包含一种机构。

例题1.10答：构件是机械的运动单元，而零件是机械的制造单元；构件可以是单一的零件，也可以是几个零件的组合。

1.5　复习题与习题

1.2　下列实物中哪些是机器？哪些是机构？

(1)车床;(2)内燃机车;(3)机械式钟表;(4)虎钳;(5)客车车辆;(6)游标卡尺

答:(1)车床、(2)内燃机车和(3)机械式钟表是机器。(4)虎钳、(5)客车车辆和(6)游标卡尺是机构。

1.3 机械原理课程在机械类各专业中的地位如何?

答:机械原理是机械类各专业的一门主干技术基础课。专门研究机械所具有的共性问题,它是分析现有机械和设计新机械的理论基础,为学好各种专业课起到承上启下的重要作用,在机械设计系列课程体系中占有相当重要的位置。

1.6 自我检测题

1.填空题 见附录Ⅱ应试题库:1题、2题。

2.判断题 见附录Ⅱ应试题库:1题。

第2章 平面机构的结构分析

2.1 本章学习要求

(1)了解机构的组成,搞清运动副、约束和自由度的概念;

(2)能看懂机构运动简图;能绘制常用平面机构的运动简图;

(3)能计算平面机构的自由度;

(4)掌握平面机构具有确定运动的条件;

(5)能识别和处理机构自由度计算中的虚约束。

2.2 本章重点与难点

1.本章的重点

本章是基础章节,十分重要,应全面细致学习,重点如下:

(1)机构运动简图的绘制;

(2)机构自由度的计算;

(3)机构具有确定运动的条件;

(4)机构的组成原理及结构分析,机构组成中的构件、运动副、运动链及机构等概念。

2.本章的难点

(1)机构自由度计算。由于虚约束出现在特定几何条件下,且具体情况又较为复杂,故本章难点是机构中虚约束的正确判别和处理。

(2)平面机构的组成原理、结构分析以及高副低代。

2.3 本章学习方法指导

机构是一个构件系统,为了传递运动和力,机构各构件之间应具有确定的相对运动。任意拼凑的构件系统不一定能发生相对运动;即使能够运动,也不一定具有确动。讨论机构满足什么条件,构件间才具有确定的相对运动,对于分析现有机构都是很重要的。

为了便于分析研究,在工程设计中,通常都用简单线条和符号组成的运动简图来表示实际机械。工程技术人员应当熟悉机构运动简图的绘制方法。

读者在学习时应重点围绕上述问题展开。

1.机构的组成

(1)构件是机构中独立运动的单元体,是组成机构的基本要素。构件在图形表达上是用简单的线条或几何图形来表示的。

（2）运动副是由两构件直接接触而组成的相对可动的链接，也是组成机构的又一基本要素。运动副的基本特征：①具有一定的接触形式，并把两构件参与接触的表面称为运动副元素；②能产生一定形式的相对运动。

因此，运动副可按其接触形式分为高副（即点或线接触的运动副）和低副（即面接触的运动副），又可按所能产生相对运动的形式分为转动副、移动副、螺旋副和球面副等。

两构件构成运动副至少要引入一个约束，也至少要保留一个自由度。两构件之间的相对运动为平面运动的运动副，统称为平面运动副，两构件之间的相对运动为空间运动的运动副，统称为空间运动副。

（3）运动链是两个或两个以上构件通过运动副连接而构成的相对可动的系统。运动链可以是首末封闭的闭链，也可以为未封闭的开链。

（4）机构中的固定构件称为机架，按给定的已知运动规律独立运动的构件称为原动件，而其余活动构件称为从动件。

2.机构运动简图及其绘制

机构的运动仅与机构中运动副的机构情况（转动副、移动副及高副等）和机构的运动尺寸（由各运动副的相对位置确定的尺寸）有关，而与机构的外形尺寸等因素无关。因此根据机构的运动尺寸，按一定的比例尺定出各运动副的位置，再用规定的运动副的代表符号及常用机构的代表符号和简单的线条或几何图形将机构的运动情况表示出来，这种简单的图形称为机构运动简图。机构运动简图不仅表示机构的组成和运动情况，而且可以被用来进行机构的运动分析和力分析。

绘制机构运动简图的方法及步骤参阅主教材 P7～8。

3.机构的自由度计算

机构的自由度是机构具有确定运动时所需的独立运动参数的数目。为了使机构能按照一定的要求进行运动变换和动力传递，机构必须具有确定的运动。机构运动确定的条件是机构。原动件的数目应等于机构自由度的数目。否则机构的运动将不确定或没有运动的可能性。因此，在机构分析与综合时，必须考虑所绘制的机构是否满足机构具有确定运动的条件。只有在机构具有确定的运动时，才能对其进行结构分析、运动分析和受力分析等。

这里主要考虑平面机构自由度的计算。平面机构自由度的计算公式为

$$F=3n-2p_L-p_H \tag{2.1}$$

式中，n 为机构中活动构件的数目；p_L 为机构中低副的数目；p_H 为机构中高副的数目。

用该式计算机构自由度时，必须注意以下 3 种情况：

（1）正确计算运动副的数目。

（2）除去局部自由度。

（3）除去虚约束。在机构中实际上起重复约束作用的约束称为虚约束。在计算机构自由度时，可将引入的虚约束除去不计，以达到去除机构中虚约束的目的。由于虚约束出现在特定几何条件下，而且具体情况又较为复杂，故需要仔细分析，加以判断。

总之，在计算机构的自由度时，首先要正确分析并明确指出机构中存在的复合铰链、局部自由度和虚约束，在排除了局部自由度及虚约束之后，再利用式（2.1）进行计算。最后还应检查计算得到的机构自由度数目是否与原动件的数目相等。

注意:在计算含有齿轮副平面机构的自由度时,关键是要正确分析齿轮副所提供的约束情况,即

(1)如果构成一个齿轮副(包括内、外啮合副和齿轮与齿条啮合副)的两齿轮(包括齿条)的转动中心分别以平面低副与同一个构件相连接,即两齿轮转动中心的相对位置被约束,此时两齿轮轮齿为单侧接触,且无论有几对齿接触,过各接触点的公法线均重合,故只能算作为一个高副。

(2)如果一对齿轮副的两齿轮中心相对位置未被约束,这时两齿轮为无侧隙啮合,即两齿轮轮齿为两侧接触,且过接触点的公法线为相交的情况,故应算作两个高副或等效为一个转动副。

在正确分析了含有齿轮副平面机构中各个齿轮副所提供的约束情况后,就可以利用公式(2.1)来计算此类机构的自由度了。

4.关平面机构的组成原理、结构分析以及高副低代

对于这些内容,应着重掌握机构的组成分析、机构的级别判定和高副低代的方法,具体应明确以下几点,即

(1)一个机构是由若干个基本杆组依次联接于原动件和机架而构成的。

(2)机构的分级是以拆下杆组中的最高级别为机构的级别。

(3)同一机构若取不同的构件为原动件,则可能属于不同级别的机构。

(4)高副低代应满足的两个条件和具体的替代方法。

5.本章重点知识结构

本章重点知识结构见表2.1。

表 2.1 本章知识结构

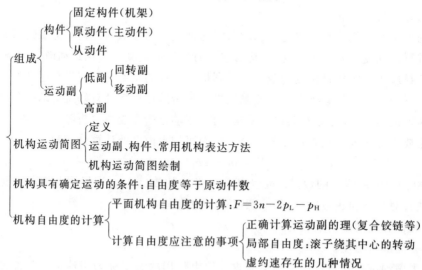

2.4 本章考点及典型例题解析

1.本章考点

(1)有关机构中的运动副、运动链、机构、自由度、复合铰链、局部自由度和虚约束等基本

概念。

(2)运用规定的符号,绘制常用机构的机构运动简图。

(3)平面机构自由度的正确计算。

2.典型例题解析

例题 2.1(填充题)　两构件间通过(　　　)接触所构成的运动副称为高副。

例题 2.2(填充题)　机构可动的条件是自由度(　　　)。

例题 2.3(填充题)　机构具有确定相对运动的条件是机构的自由度数(　　　)机构的原动件数。

例题 2.4(填充题)　(　　　　　　　　　)的约束称为虚约束。

例题 2.5(判断题)　两构件直接接触并能产生一定的相对运动的连接称为运动副。
(　　)

例题 2.6(判断题)　当一个平面机构的原动件数目小于此机构的自由度数时,此机构的相对运动破坏。
(　　)

例题 2.7(判断题)　任何构件的组合均可构成机构。
(　　)

例题 2.8(判断题)　当原动件数大于机构的自由度数时,机构的相对运动不确定。
(　　)

例题 2.9(判断题)　平面机构自由度的计算公式为 $F=3n-2p_1-P_H$。
(　　)

例题 2.10(判断题)　螺栓连接是螺旋副。
(　　)

例题 2.11(选择题)　在机构中原动件数目(　　　)机构自由度时,该机构具有确定的运动。

例题 2.12(选择题)　两构件间通过(　　　)接触所构成的运动副称为高副。

A.点,线　　　　　B.体　　　　　　C.面

例题 2.13(选择题)　(　　　)的约束称为虚约束。

A.实际机构放大或缩小

B.对机构的运动不起作用

C.对机构的运动不起作用,但可增加机构的刚性和改善构件受力状态

例题 2.14(选择题)　机构可动的条件是自由度(　　　)。

A.大于 0　　　　B.等于 0　　　　C.小于 0　　　　D.大于等于 0

例题 2.15(选择题)　机构中一个独立运动的单元体称为(　　　)。

A.零件　　　　　B.构件　　　　　C.标准件　　　　D.非标准件

例题 2.16(选择题)　两构件直接接触并能产生一定的相对运动的连接称为(　　　)。

A.高副　　　　　B.低副　　　　　C.运动副

例题 2.17(选择题)　当原动件数大于机构的自由度数时,机构的相对运动(　　　)。

A.确定　　　　　B.不确定　　　　C.破坏　　　　　D.根据具体情况确定

例题 2.18(选择题)　当一个平面机构的原动件数目小于此机构的自由度数时,此机构(　　　)。

A.具有确定的相对运动　　　　　B.只能作有限的相对运动

C.运动不能确定　　　　　　　　D.不能运动

例题 2.19(选择题)　两构件面接触,并能产生一定的相对运动的连接称为(　　　)。

A. 高副　　　　B. 低副　　　　C. 运动副

例题 2.20（选择题）　计算机构自由度时,若计入虚约束,则机构自由度会(　　)。

A. 增多　　　　B. 减少　　　　C. 不变

例题 2.21（问答题）　何谓复合铰链?

例题 2.22（问答题）　何谓局部自由度?应如何计算自由度?

例题 2.23（问答题）　何谓虚约束?它常出现在何种场合?

例题 2.24（问答题）　试述例题 2.24 图平面机构组成原理。机构的级别由什么决定?

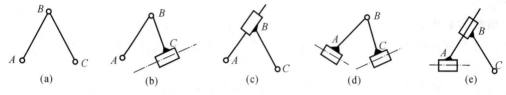

例题 2.24 图　5 个 Ⅱ 级杆组

例题 2.25（绘图题）　绘出例题 2.25 图(a)所示冲压装置机构的运动简图。

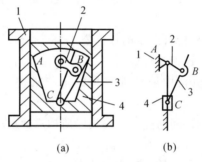

例题 2.25 图　冲压装置

例题 2.26（计算题）　计算例题 2.26 图机构之自由度,并分析该机构是否有确定运动。

例题 2.27（计算题）　例题 2.27 图所示机构中 $AB=CD=EF$,且相互平行,试求该机构的自由度。

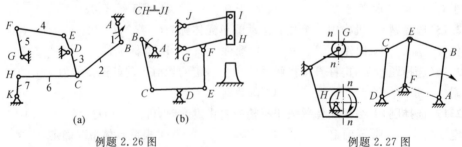

例题 2.26 图

(a)多杆机构;　(b)机械锻锤机构

例题 2.27 图

例题 2.28（计算题）　试计算例题 2.28 图所示的机构的自由度,并指出局部自由度、复合铰链和虚约束,最后判定该机构是否具有确定的运动规律(标箭号的构件是原动件)。

例题 2.29（分析计算题）　计算例题 2.29 图所示机构的自由度。如有复合铰链、虚约束、局部自由度,直接在图中标出。

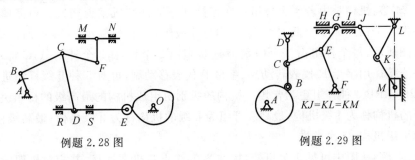

例题 2.28 图 例题 2.29 图

例题 2.30(分析计算题) 计算例题 2.30 图所示机构的自由度。

例题 2.31(分析题) 例题 2.31 图所示为一简易冲床的初拟设计方案。设计者的思路是:动力由齿轮 1 输入。使轴 A 连续回转;而固装在轴 A 上的凸轮 2 与杠杆 3 组成的凸轮机构。将使冲头 4 上下运动以达到冲压的目的。试绘出其机构运动简图,分析其是否能实现设计意图。并提出修改方案。

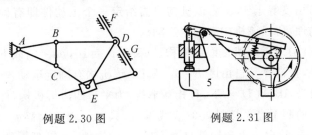

例题 2.30 图 例题 2.31 图

3.典型例题的参考解答

例题 2.1【(点、线)】 例题 2.2【(大于 0)】 例题 2.3【(等于)】 例题 2.4（对运动不起实际作用） 例题 2.5【(√)】 例题 2.6【(√)】 例题 2.7【(×)】 例题 2.8【(×)】 例题 2.9【(√)】 例题 2.10【(√)】 例题 2.11【B】 例题 2.12【A】例题 2.13【C】 例题 2.14【A】 例题 2.15【B】 例题 2.16【C】 例题 2.17【C】 例题 2.18【C】例题 2.19【B】 例题 2.20【C】

例题 2.21 答:2 个以上构件在同一处以转动副连接称为复合铰链。当构成复合铰链的构件数为 m 时,此处转动副的数目为 $m-1$。

例题 2.22 答:机构中某些构件产生的不影响整个机构运动的自由度称为局部自由度。如滚子从动件凸轮机构中,滚子绕其自身轴线转动的自由度即为局部自由度,在计算自由度时,应先将滚子与其相连构件刚化,然后再代入公式计算。

例题 2.23 答:机构中不起独立限制作用的约束称为虚约束。

1)用转动副连接的 2 个构件,在连接点轨迹重合;

2)2 个构件组成多个转动副且轴线重合,2 个构件组成多个移动副且导路平行,2 个构件组成多个高副且过接触点的公法线重合;

3)用双副杆连接 2 个运动构件上距离始终不变的 2 个点;

4)不影响运动传递的结构重复或对称部分。

由上可知,虚约束是在特定的几何条件下出现的,若该几何条件不满足,虚约束将转化为实际有效约束。

例题 2.24 答:机构是由若干个杆组依次连接到原动件和机架上构成。最简单、最常用的基本杆组是由 2 个构件和 3 个低副组成的,称为Ⅱ级组,它有如例题 2.24 图所示的 5 种不同的类型。由图所示,每个杆组由 1 个内副 B 连接组内 2 个构件,2 个外副 A,C 将杆组与组外另 2 个构件连接。用字母 R 代表转动副、字母 P 代表移动副,可对 5 种Ⅱ级杆组进行命名,其中 RRR,RPR,RRP 3 种杆组更为常用。机构的级别由组成机构的最高级的杆组决定,只有原动件和机架的机构称为Ⅰ级机构;最高级杆组为Ⅱ级的机构称为Ⅱ级机构;最高级杆组为Ⅲ级的机构称为Ⅲ级机构;依次类推。

例题 2.25 解:从图中可见 1 为机架,构件 2 在 A 点与机架连接,并相对机架转动,构成转动副;构件 3 与构件 2 在 B 点以转动副连接;构件 3 与构件 4 在 C 点以转动副连接;构件 4 相对机架 1 可以上、下移动,构成移动副,移动副导路就在 A,C 连线上。量出 AB,BC 的长度,取适当比例尺,绘得该机构的运动简图如例题 2.25 图(b)所示。

例题 2.26 解:(1)例题 2.26 图(a)所示的多杆机构的自由度 $n=7$,该机构全部为低副,且 C 处为复合铰链,所以 $p_L=10$,于是得 $F=1$。

由于计算结果自由度等于 1,说明该机构只需给定一个主动件即有确定运动。而图中标有箭头的 AB 即主动件,所以该机构有确定运动。

(2)例题 2.26 图(b)所示之机械锻锤机构。$n=7$,$p_L=10$,$p_H=0$,故 $F=1$。图中标有箭头的构件 AB 为主动件,且计算其自由度 $F=1$。所以,该机构有确定运动。

例题 2.27 解:因为 AB$=$CD$=$EF,且相互平行,为平行四边形机构,杆 EF 为虚约束构件;凸轮,与杆 H 的叉头的两个高副接触处的法线重合,只能算作 1 个高副;滚子 G 为局部自由度。按式(2.1)计算:去除虚约束和局部自由度后,活动构件 $n=7$,低副数 $p_L=7$,高副数 $p_H=2$,则机构自由度 $F=3\times7-2\times9-2=1$。

例题 2.28(计算题)解:该机构中 E 处有一个局部自由度;C 处为复合铰链;M 与 N,R 与 S 均有一个虚约束,则有

$$F=3n-(2p_L-p_H)=3\times7-(2\times9+1)=2$$

原动件 2 个,$F=2$ 该机构具有确定的相对运动。

例题 2.29【分析】:此机构中,在 B 处的滚子显然与杆件 BD 的运动无关,即其转动对机构没有影响为局部自由度;在 E 处为 3 根杆件铰接在一起,是典型的复合铰链;H 和 I 共同支撑同一杆件,且共线,故可任定其一为虚约束;$KJ=KL=KM$ 以及 I,M 两点在相互垂直的导路上运动. 表明 K 处的运动实际不受 KL 杆的约束,故引入了一个虚约束。

解:B 处为局部自由度,E 处为复合铰链,KL 杆及其运动副为虚约束,H 与 I 有一个移动副为虚约束,虚约束数 3。故计算自由度为

$$F=3n-2p_L-p_H=3\times8-2\times11-1=1$$

例题 2.30【分析】:此题的目的在于考查对复合铰链的理解与掌握。区分点在 A,B,C,D 和 E 五处的铰链,清楚 AB,BC,AC 为一稳定结构件。

解 D,E 为复合铰链,G,F 中一处为虚约束,总虚约束数为 2,计算自由度为

$$F=3n-2p_L-p_H=3\times7-2\times10-0=1$$

例题 2.31【分析题】解:该机构的运动简图如例题 2.31 图解(a)所示。

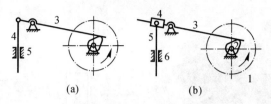

例题 2.31 图解

该机构的自由度为

$$F = 3n - (2p_L - p_H) = 3 \times 3 - (2 \times 4 + 1) = 0$$

因此该机构不能实现设计意图,可以在构件 3、4 之间加一个滑块和一个移动副,改进后方案运动简图如例题 2.31 图解(b)所示。

此时机构的自由度为

$$F = 3n - (2p_L - p_K) = 3 \times 4 - (2 \times 5 + 1) = 1$$

2.5　复习题与习题参考解答解

2.2　机构运动简图有何用处?它能表示出原机构哪些方面的特征?

解:机构运动简图通过对机构的组成和运动传递情况的表示,使得了解机构的组成和对机构进行运动和动力分析变得十分简便。

机构运动简图能够正确的表达出机构的组成构件和组成形式。

2.3　在计算机槽的自由度时,要注意哪些事项?

答:应注意机构中是否有复合铰链、局部自由度和虚约束。对于复合铰链,只需注意到计算运动副数目时不弄错就行了;局部自由度常出现在有滚子的部分;而虚约束的出现较难判断。要首先把虚约束的概念搞清楚——对运动不起独立限制作用的约束。其次,注意教材 P12 中所介绍的常出现虚约束的情况,在计算自由度时应先去除虚约束。

2.4　题 2.4 图为颚式破碎机三维结构的部分图,试绘制其机构的运动简图。

解:由题 2.4 图(a)可知,该颚式破碎机的机构简图如题 2.4(b)图所示。

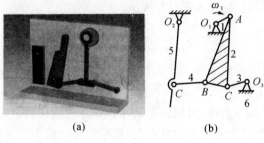

题 2.4 图

2.5　题 2.5 图为多缸发动机部分的三维结构图,试绘制其曲柄滑块机构与凸轮机构的运动简图。

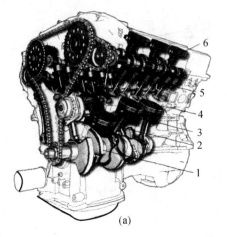
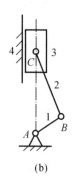
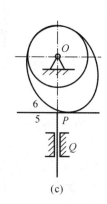

题 2.5 图

解:将燃料燃烧的内能转化为机械能的是曲柄滑块机构,如题 2.5(b)图所示;实现汽缸气门开闭的是凸轮机构,如题 2.5 图(c)所示。

2.6　题 2.6 图(a)所示为一新型偏心轮滑阀式真空泵。其偏心轮 1 绕固定轴心 A 转动,与外环 2 固连在一起的滑阀 3 在可绕固定轴心 C 转动的圆柱 4 中滑动。当偏心轮 1 按图示方向连续回转时,可将设备中的空气吸入,并将空气从阀 5 中排出。从而形成真空。试绘制其机构运动简图,并计算其自由度。

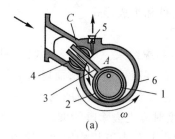

题 2.6 图

解:该机构的运动简图如题 2.6 图(b) 所示。

计算自由度,有

$$F=3n-2p_{\mathrm{L}}-p_{\mathrm{H}}=3\times3-2\times4-0=1$$

2.7　机构具有确定运动的条件是什么? 当机构的原动件数少于或多于机构的自由度时,机构的运动将发生什么情况?

解:机构具有确定运动的条件:机构的原动件数目等于机构的自由度数目。

如果机构的原动件数目少于机构的自由度,机构的运动将不完全确定;如果原动件数目多于机构的自由度,将导致机构中最薄弱环节的损坏。

2.8　试计算题 2.8 图所示各机构的自由度,并判别何者可为机构或结构体。

解:(a)$F=3n-2p_{\mathrm{L}}-p_{\mathrm{H}}=3\times5-2\times7=1$,　可为机构。

(b)$F=3n-2p_{\mathrm{L}}-p_{\mathrm{H}}=3\times4-2\times6=0$,　为结构体。

(c)$F=3n-2p_{\mathrm{L}}-p_{\mathrm{H}}=3\times5-2\times7=1$,　可为机构。

（d）$F=3n-2p_L-p_H=3\times4-2\times5=2$，　可为机构。

解：

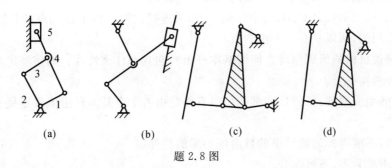

题 2.8 图

2.9　计算题 2.9 图示各机构的自由度，并说明欲使其有确定运动，需要有几个主动件。

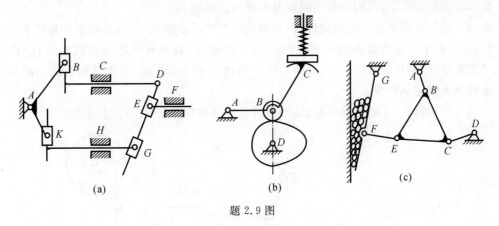

题 2.9 图

解　（a）$F=3n-2p_L-p_H=3\times5-2\times7-0=1$。需一个主动件。

（b）$F=3n-2p_L-p_H=3\times3-2\times3-2=1$。需一个主动件。

（c）$F=3n-2p_L-p_H=3\times5-2\times7=1$。需一个主动件。

2.10　试计算题 2.10 图所示凸轮—连杆组合机构的自由度。

解　由题 2.10 图可知，B,E 两处的滚子转动均为局部自由度；而机构中无虚约束（C,处虽各有两处接触，但都各算一个移动副），于是由式(2.1)得 $F=1$。

这里应注意：该机构在 D 处虽存在轨迹重合的问题，但由于 D 处相铰接的双滑块为一个 Ⅱ级杆组，其连接并未引入约束，故不能将此连接视为虚约束。如果将相铰接的双滑块改为相固连的十字滑块时，则该机构就存在一个虚约束了。

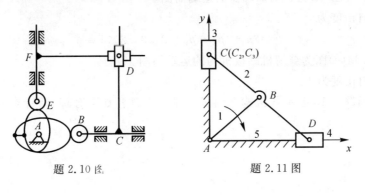

题 2.10 图　　　　　　题 2.11 图

2.11 在题2.11图所示的机构中,在铰链C,B,D处。被连接的两构件上连接点的轨迹都是重合的,那么能说该机构有三个虚约束吗？为什么？

解:不能。因为对铰链C,B,D中任何一点,被连接的两构件上连接点的轨迹重合是由其他两处制约作用的,所以只有一个虚约束。

2.12 何谓机构的组成原理？何谓基本杆组？它具有什么特性？如何确定基本杆组的级别及机构的级别？

解:机构的组成原理:任何机构都是可以看作是由若干个基本杆组依次连接于原动件和机架上而构成的。

基本杆组:不能再拆的最简单的自由度为零的构件组。

特性:自由度为零、不可再分。

杆组的级别的确定:杆组中包含有最多运动副的构件的运动副数目。

机构的级别的确定:机构中最高级别基本杆组的级别。

2.13 为何要对平面高副机构进行"高副低代"？"高副低代"应满足的条件是什么？

解:为了便于对含有高副的平面机构进行分析研究,需要对平面高副机构进行"高副低代"。"高副低代"满足的条件:①代替前后机构的自由度完全相同;②代替前后机构的瞬时速度和瞬时加速度完全相同。

2.14 观察题2.14图所示装置,试画出其机构运动简图,并计算其自由度。

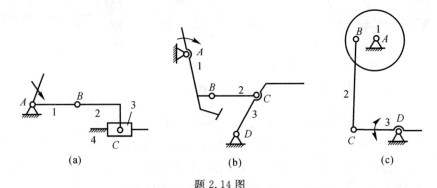

题 2.14 图

(a)公共汽车自动开闭门机构; (b)运动训练器; (c)缝纫机踏板机

解:(1)如题2.15图(a)为公共汽车自动开闭门机构的运动简图。

该机构的自由度为
$$F=3n-2p_L-p_H=3\times3-2\times4=1$$

(2)如题2.14图(b)为运动训练器的运动简图。

该机构的自由度为
$$F=3n-2p_L-p_H=3\times3-2\times4=1$$

(3)如题2.14(c)图为缝纫机踏板机构的运动简图。

该机构的自由度为1。

2.15 试问题2.15图示各机构在组成上是否合理？如不合理,请针对错误提出修改的方案。

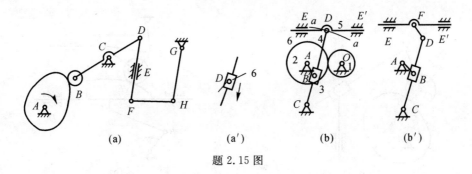

题 2.15 图

答：

$(a) F = 3n - 2p_L - p_H = 3 \times 5 - 2 \times 7 - 1 = 0$，故不合理。修改如$(a')$图所示，只需将 D 处改为移动副和回转副，$F = 3 \times 6 - 2 \times 8 - 1 = 1$

$(b) F = 3n - 2p_L - p_H = 3 \times 5 - 2 \times 14 - 1 = 0$，故不合理。需在 I' 处增加一个自由度，修改如(b')图所示，则有

$$F = 3n - 2p_L - p_H = 3 \times 6 - 2 \times 8 - 1 = 1$$

2.16　题 2.16 图示为一内燃机的机构简图。试计算其自由度，并分析组成此机构的基本杆组。如果在该机构中改选 EG 为原动件，试问组成此机构的基本杆组是否与前有所不同。

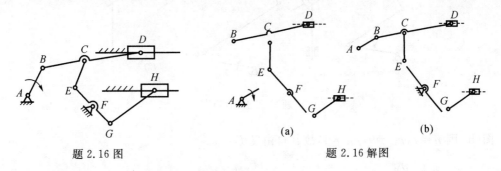

题 2.16 图　　　　　　　　　题 2.16 解图

解　(1) 因 $n = 7$，$p_L = 10$，$p_H = 0$，故其自由度为 1。

(2) 分析机构的基本杆组：

1) 原动件为 AB 杆时：如题 2.16 解图(a)所示除原动件外，为三个 Ⅱ 级杆组。三个 Ⅱ 级杆组分别是由滑块 D 与杆 BD，杆 CE 与杆 EG、杆 GH 与滑块 H 组成，故此机构为 Ⅱ 级机构。

2) 原动件为 EG 杆时：如题 2.16 解(b)所示，除原动件外，为一个 Ⅱ 级杆组和一个 Ⅲ 级杆组，Ⅱ 级杆组由杆 GH 与滑块 H 组成；Ⅲ 级杆组由 AB，BD，CE 滑块 D 组成。故此机构为 Ⅲ 级机构。

2.17　试计算题 2.17 图示平面高副机构的自由度，并在高副低代后分析组成该机构的基本杆组。

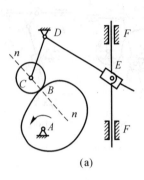 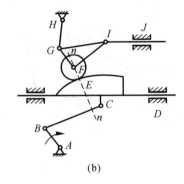

题 2.17 图

解　图(a),因 $n=5$,$p_L=6$(F 处的移动副只能算为一个),$p_H=1$,故其自由度为1,高副低代后的机构运动简图如题 2.17 解图(a)(1)所示,组成该机构的基本杆组情况如题 2.17 解图(a)(2)所示,可见,除原动件外有两个 Ⅱ 级杆组,故该机构为 Ⅱ 级机构。

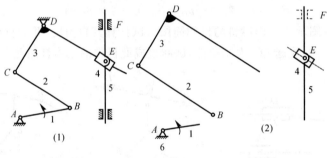

题 2.17 解图(a)

图(b)因 $n=7$,$p_L=9$,$p_H=1$,故其自由度 $F=1$。

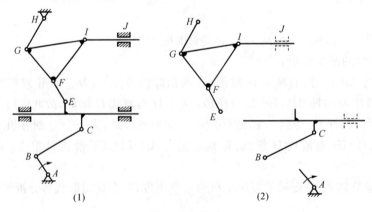

题 2.17 解图(b)

高副低代后的机构运动简图如题 2.17 解图(b)(1)所示,组成机构的基本杆组情况如题 2.17 解图(b)(2)所示。可见,除原动件外有一个 Ⅱ 级杆组和一个 Ⅲ 级杆组,故该机构为Ⅲ组机构。

2.6 自我检测题

1.填空题 见附录Ⅱ应试题库:1.填空题中 2(3)～3(10)题。

2.判断题 见附录Ⅱ应试题库:2.判断题中 2(3)～2(6)题。

3.选择题 见附录Ⅱ应试题库:3.选择题中 2(1)～2(4)题。

4.计算题 见附录Ⅱ应试题库:5.计算分析题中 2(2)～2(8)题。

2.7 导教(教学建议)

一、教学重点

1.构件

构件是指由一个或者多个零件刚性连接而成的独立的运动单元体,它是组成机构的基本要素之一。

2.约束

约束指对独立运动所加的限制。

3.运动副及其分类

运动副是指由两个构件直接接触而组成的可动的连接。而把两构件上能够参加接触而构成运动副的表面称为运动副元素。

从运动副的概念可以得出运动副的 3 个基本要素:

(1)运动副由两个构件组成,两个构件能且只能形成一个运动副;

(2)组成运动副的两个构件必须直接接触;

(3)组成运动副的两个构件间必须具有一定的确定运动。

运动副的分类很多,归纳如下:

(1)根据构成运动副的两构件的接触情况的不同分为两类。

1)高副:两构件通过单一点或线接触而构成的运动副;

2)低副:通过面接触而构成的运动副。

(2)根据构成运动副的两构件之间的相对运动的不同分为四类。

1)转动副(或回转副):相对运动为转动。转动副习惯上又常常被称为铰链。

2)移动副:相对运动为移动;

3)螺旋副:相对运动为螺旋运动;

4)球面副:相对运动为球面运动。

(3)根据两构件之间的相对运动情况还可分为平面运动副和空间运动副。

(4)根据运动副引入的约束的数目分为Ⅰ级副、Ⅱ级副、Ⅲ级副、Ⅳ级副和Ⅴ级副。

4.机构运动简图

机构运动简图是指用规定的简单线条和符号代表构件,并将运动副用国家标准规定的代表符号画出,严格按选定比例尺绘制与原机械具有完全相同运动特性的,能够准确表达机构运动特征的简单图形。

三导

机构运动简图的绘制步骤如下：

(1)根据运动传递的路线,确定组成机构的构件情况和运动副的类别、数目及相对位置情况;

(2)根据机构的运动尺寸以及选定的比例尺,确定出各运动副的位置,画上相应的运动副符号;

(3)用相应的符号代表构件,并将各运动副连接起来,最后标出构件数字代码、运动副的字母代号以及原动件的运动方向箭头。

5.自由度

构件具有的独立运动的数目(或确定构件位置的独立参变量的数目)称为自由度。每个作平面运动的自由构件具有 3 个自由度。但是当它与其他构件组成运动副后,由于构件的直接接触使某些独立运动受到限制,自由度会减少。运动副每引入一个约束,构件便失去一个自由度。

6.运动链

两个以上构件以运动副联接而成的系统称为运动链。如果组成运动链的每个构件至少包含两个运动副元素,则运动链称为闭链;反之,如果运动链中有的构件只包含一个运动副元素,则称为开链。

7.杆组

组成运动系统的不可再分的、自由度为 0 的运动链称为杆组。杆组的级别由杆组中包含的最高级别封闭多边形确定。不包含封闭多边形的为Ⅱ级组;包含 3 个运动副元素的刚性构件(或 3 个构件组成三角形)的杆组为Ⅲ级组;包含 4 个构件组成的四边形的杆组称为Ⅳ级组。杆组的分类见表 2.1。

表 2.1　杆组级别判定

杆组级别	Ⅰ	Ⅱ	Ⅲ	Ⅳ
决定级别的封闭多边形				

8.机构具有确定运动的条件

机构的原动件数目应等于机构的自由度数目。

二、教学难点

难点之一:机构运动简图,参见例 2.1 和例 2.2。

难点之二:平面机构自由度计算。

平面机构自由度计算公式为

$$F = 3n - 2p_L - p_H$$

式中,F 为机构的自由度数目;n 为机构中活动构件的数目;p_L 为机构中低副的数目;p_H 为机构中高副的数目。

提示:在利用上面公式进行计算时,n 为活动构件的数目,而 p_L 和 p_H 不仅包含活动构件之

间所组成的运动副,还包括活动构件与机架所组成的运动副。

此外,机构自由度计算还要注意以下几种特殊情况:

(1)复合铰链。在前面介绍运动副的基本要素时我们知道,两个构件之间只能形成一个运动副。在实际机构中,经常出现多个构件(大于等于 3 个)在一点处用铰链联接在一起的情况称为复合铰链。一般情况下,如果有 m 个构件在一点处用铰接,则形成 $m-1$ 个转动副。例如图 2.2 所示的复合铰链有 5 个构件在一点铰接,包含 4 个转动副。

(2)局部自由度。所谓局部自由度,是指在机构中个别构件具有的不影响整体机构运动的自由度。图 2.3(a)所示的结构中,小滚子是机构中具有局部自由度的典型构件。在计算这种机构的自由度时,要将局部自由度去掉。具体做法是假想将小滚子与其他构件焊接在一起,当做一个构件处理,如图 2.3(b)所示。

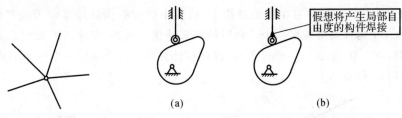

图 2.2　复合铰链　　　　　图 2.3　局部自由度及其处理方法

(a)局部自由度的典型情况;　(b)局部自由度的处理方法

(3)虚约束。在机构中不起实际约束作用的重复约束称为虚约束。在计算机构自由度时,首先应将产生虚约束的构件和它带来的运动副去除,然后再进行计算。

产生虚约束的主要情况有以下几种:

1)不同构件上的两点之间的距离始终保持恒定时,如果在这两点之间加上一个构件和两个转动副,则这个构件以及它引进的两个转动副为虚约束,这种情况又被称为"轨迹重合"。图 2.4 所示的机构中,E,F 两点之间引进的 EF 杆就属于这种情况。

2)如果两个构件在多处形成移动副,且这些移动副的导路互相平行,则这些移动副只有一个是真实的约束,其余都是虚约束。在图 2.5 所示的机构中,杆 l 在 A,B 两处与机架形成移动副,且移动副的导路平行,所以这两处移动副中有一个是虚约束,计算自由度时应该去除。

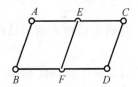

图 2.4　产生虚约束的情况之一
"轨迹重合"

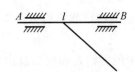

图 2.5　产生虚约束的情况之二
"多处移动副且导路平行"

3)如果两个构件在多处形成转动副,且这些转动副的轴线重合,则这些转动副只有一个是真实的约束,其余都是虚约束。在图 2.6 所示的齿轮机构中,齿轮与机架在 A,B 两处形成两个转动副,且这两个转动副轴线重合,因此有一个是虚约束,计算自由度时应该去除。

4)在输入构件和输出构件之间用多组完全相同的运动链来传递运动时,只有一组起独立传递运动的作用,其余各组通常为虚约束。在图 2.7 所示的行星轮系中,在输入构件 1 和输出构件 3 间采用了 3 组完全相同的行星轮来传递运动,因此只有其中的一组是真实约束,其余都是虚约束,计算自由度时应该去除。

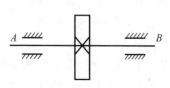

图 2.6　产生虚约束的情况之三"多处转
动副且轴线重合"

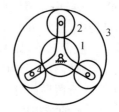

图 2.7　产生虚约束的情况之四"多组相同
运动链传递运动"

(4) 三角形构件。在计算自由度的过程中,机构中的一些构件经常会组成三角形。对于组成三角形的几个构件通常按照一个三角形构件来处理。例如,在计算图 2.8(a) 所示机构自由度时,杆 AB,BC,AC 组成了一个三角形,因此在计算自由度时按照一个三角形构件 ABC 来处理,如图 2.8(b) 所示。

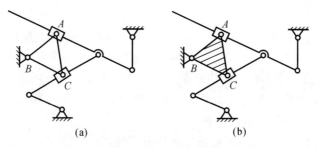

图 2.8　三角形构件的处理
(a) 原始机构;　(b) 处理后的机构

提示:在这种情况下,不仅机构中活动构件的数目发生了变化,运动副的数目也随之发生变化。如图 2.8 所示,原始机构在 B 点处为复合铰链,有 2 个转动副。而在处理后的机构中就只有 1 个转动副。

难点之三:机构级别判定。

机构结构分析就是将已知机构分解为原动件、机架、杆组,并确定机构级别。结构分析的要领是:

(1) 去掉机构中的虚约束和局部自由度,并将机构中的高副全部用低副代替,即"高副低代"。

(2) 从远离原动件的构件开始拆组,首先拆 $n=2$ 的杆组。如果无法拆出,再试拆 $n=4$ 的杆组。如果仍然无法拆出,再试拆 $n=4$ 的杆组。当拆出一个杆组后,再从 $n=2$ 的杆组开始试拆,直至只剩下机架和原动件为止。

机构中几种常见的"高副低代"方法分别如图 2.9~图 2.11 所示。

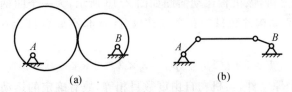

图 2.9 "高副低代"的常见情况之一

(a)原高副结构; (b)用低副替代高副后的结构

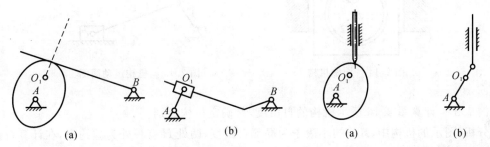

图 2.10 "高副低代"的常见情况之二   图 2.11 "高副低代"的常见情况之三

(a)原高副结构; (b)用低副替代高副后的结构   (a)原高副结构; (b)用低副替代高副后的结构

三、例题精选

例 2.1 一平面机构如图 2.12 所示,构件 1 为原动件,构件 4 为运动输出构件,A,B 为固定铰链,试:① 绘制该机构运动简图;② 计算该机构自由度。

分析:该机构的活动构件数目一共有 4 个。其中构件 1 与机架组成了转动副;构件 2 与构件 1 组成了移动副;构件 3 与构件 2 组成转动副;构件 3 与构件 4 之间为高副;构件 4 与机架组成转动副。

解 ① 根据上述分析,该机构运动简图如图 2.13 所示。

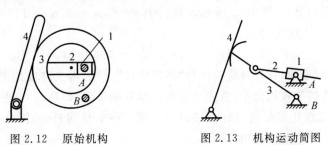

图 2.12 原始机构   图 2.13 机构运动简图

② 该机构包含的活动构件数目为 4 个,低副数目为 5,高副数目为 1。所以该机构的自由度为

$$F = 3n - 2p_L - p_H = 3 \times 4 - 2 \times 5 - 1 = 1$$

例 2.2 一平面机构图 2.14 所示,绘制该机构的运动简图,计算其自由度并问是否具有确定运动。判定是否有确定的运动?

分析:该机构的构件数目一共有 4 个,其中包含 3 个活动构件。构件 1 与机架和构件 2 各组成 1 个转动副;构件 2 与构件 3 组成了转动副;构件 3 与机架组成移动副。

解 ① 根据上述分析,该机构运动简图如图 2.15 所示,为一个曲柄滑块机构。

② 该机构包含的活动构件数目为 3 个,低副数目为 4,高副数目为 0。所以该机构的自由度为

$$F=3n-2p_L-p_H=3\times3-2\times4-0=1$$

因该机构具有一个原动件,与机构自由度数目相等,故有确定的运动。

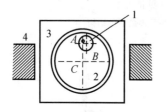

图 2.14　原始机构

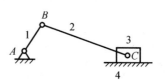

图 2.15　机构运动简图

例 2.3　计算图 2.16 所示机构的自由度,并确定机构级别。

分析:图示的机构中,B 处的小滚子为局部自由度,两处 H 有一处为虚约束,在计算自由度时应该去除。

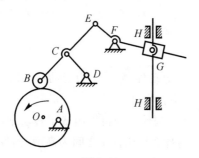

图 2.16

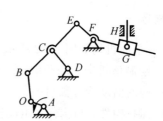

图 2.17　"高副低代"后的替代机构

解　根据前面的分析,在图 2.16 所示机构中 $n=6,p_L=8,p_H=1$。

所以该机构的自由度为

$$F=3n-2p_L-p_H=3\times6-2\times8-1=1$$

在判断机构的级别前,首先对机构进行"高副低代",然后再去除虚约束,得到的等效机构如图 2.17 所示。在该等效机构中,首先从远离原动件的位置,即从点 G 处开始拆分。首先拆出滑块 6 与杆 7 组成的 Ⅱ 级杆组;构件 2,3,4,5 组成了一个 Ⅲ 级杆组;拆分的结果如图 2.24 所示。因此该机构是一个 Ⅲ 级机构。

第3章 平面机构的运动分析

3.1 本章学习要求

(1)理解掌握速度瞬心的概念,并正确计算机构的瞬心数。
(2)能运用"三心定理"确定一般平面机构各瞬心的位置。
(3)能熟练地应用瞬心法对简单平面副机构进行速度分析。
(4)能用矢量方程图解法对Ⅱ级机构进行运动分析。
(5)能用解析法对Ⅱ级机构进行运动分析。

3.2 本章学习的重点及难点

1.本章重点
(1)利用速度瞬心法求解机构的速度。
(2)利用相对运动图解求解机构的速度和加速度。
(3)利用解析法建立机构的位移、速度、加速度方程式。

2.本章难点
对机构的加速度分析,尤其是含有哥氏加速度机构的加速度分析。当机构中存在具有转动的两构件组成的移动副时,机构中就有哥氏加速度存在;当两构件组成的移动副作平动时,则不存在哥氏加速度。要利用理论力学中关于点的复合运动关系,选取形成移动副的、作平面一般运动的构件上的点作为两构件的重合点,用矢量方程图解法进行求解。求解时应特别注意相对速度、相对加速度以及法向加速度的指向,并正确地写出机构的运动关系式。

3.3 本章学习方法指导

平面机构的运动分析方法图解法有和解析法。本章重点介绍图解法。
1.用图解法分析机构的速度
有速度瞬心法和矢量方程图解法等。
(1)速度瞬心法。速度瞬心是相对运动的两构件(即两刚体)的相对速度为零的重合点,亦即瞬时绝对速度相等的重合点(即等速重合点)。若这点的绝对速度为零则为绝对瞬心;若不等于零,则为相对瞬心。
机构每两构件有一个瞬心,若由 N 个构件(含机架)组成的机构,则其总的瞬心数目为

$$K = \frac{N(N-1)}{2}$$

机构中瞬心位置确定的方法:

1) 由瞬心定义直接确定瞬心的位置。对于直接以运动副联接的两构件的瞬心,若两构件组成转动副,则其转动副中心就是它们的瞬心;若两构件组成移动副,则其瞬心位于垂直于导路无穷远处;若两构件组成纯滚动的高副,则其高副接触点就是它们的瞬心;若组成连滚带滑的高副,则其瞬心应位于过接触点的公法线上。

2) 借助三心定理确定瞬心的位置。对于不直接以运动副联接的两构件的瞬心位置,可借助三心定理来确定。而三心定理是说:3个彼此互作平面相对运动的构件的3个瞬心必位于同一直线上。用速度瞬心法求机构的速度是利用相对瞬心为两构件的瞬时绝对速度相等的重合点(即等速重合点)的概念,建立待求运动构件与已知运动构件的速度关系来求解的。进而可以求出两构件的角速度之比、构件的角速度及构件上某点的速度,而且比较直观、简便,也不受机构级别的限制,所求构件与已知运动构件无论相隔多少构件,都可直接求得。但这种方法不能用于求机构的加速度。

(2) 矢量方程图解法,又称相对运动图解法。其所依据的基本原理是理论力学中刚体的平面运动和点的复合运动这两个原理。其方法是利用机构中构件上各点之间的相对运动关系列出它们之间的速度或加速度矢量方程式,然后选定一比例尺,根据矢量方程作矢量多边形进行求解。机构运动分析中常遇到以下两种不同情况。

1) 同一构件上两点间的速度和加速度的关系。如图3.1(a)所示,机构中构件2上 D,B 两点间的运动关系表达为

$$v_D = v_B + v_{DB}$$

$$a_D = a_B + a_{DB}^n + a_{DB}^t$$

式中, v_{DE} 为 D 对 B 的相对速度,其大小 $v_{DB} = \omega_2 l_{DB}$,方向垂直于 DB ; a_{DB}^n 及 a_{DB}^t 为 D 对 B 的相对法向加速度和相对切向加速度,且大小 $a_{DB}^n = \omega_2^2 l_{BD}$ 方向 D 指向 B ;而 $a'_{DB} = \alpha_2 l_{DB}$,方向垂直于 BD 。

2) 两构件上重合点间的速度及加速度关系。如图3.1(a)所示,构件4与构件2上重合点 $C(C_4,C_2)$ 间的运动关系表达为

$$v_{C_4} = v_{C_2} + v_{C_4 C_2}$$

$$a_{C_4} = a_{C_2} + a_{C_4 C_2}^k + a_{C_4 C_2}^r$$

式中, $v_{C_4 C_2}$ 为 C_4 对 C_2 的相对速度,其方向沿移动副导路方向; $a_{C_4 C_2}^k$ 为 C_4 对 C_2 的哥氏加速度, $a_{C_4 C_2}^k = 2\omega_2 v_{C_4 C_2}$ 指方向沿 ω_2 转过 $90°$ 的方向; $a_{C_4 C_2}^r$ 为 C_4 对 C_2 的相对加速度, $a_{C_4 C_2}^r$ 的方向为沿移动副的相对移动方向。

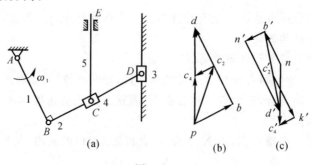

图　3.1

该机构中构件 2 的角速度 ω_2 及角加速度 α_2 大小为

$$\omega_2 = v_{DB}/l_{DB}, \quad \alpha_2 = \alpha_{DB}^{\mathrm{t}}/l_{DB}$$

ω_2 的方向为：将 $\boldsymbol{v}_{DB}$ 平移到 D 点，则 D 点相对 B 点的转动方向（即逆时针方向）；而 α_2 的方向为：将 $\boldsymbol{v}_{DB}$ 平移到 D 点，由 D 点相对 B 点的切向加速度方向产生的转动方向（即顺时针方向）。

a.速度多边形及速度影像。根据速度矢量方程按一定比例尺作出的由各速度矢量构成的图形（见图 3.1(b)）称为速度多边形（或速度图）。其作图起点 p 称为速度多边形极点。速度多边形具有以下特性：在速度多边形中，由极点 p 向外放射的矢量代表构件上同名点的绝对速度；连接速度多边形中两绝对速度矢端的矢量，则代表构件上同名称的相对速度，如图3.1(b)中 $\overline{bd}$ 代表 v_{DB}，方向是由 b 指向 d；在同一个构件上有 n 点构成一几何图形，那么这 n 点在速度多边形中也构成一与其相似的几何图形，且字母顺序排列一致，这就是速度影像原理。利用速度影像原理，当已知同一构件上两点的速度（如构件 2 上 B,D 两点），可求得此构件上任一点（如 C_2 点）的速度 v_{C_2}，即作速度图形 $\triangle dbc_2 \backsim \triangle DBC_2$（注意这里 DBC_2 在同一直线上，所以 dbc_2 也在同一直线上，且 $\overline{DC_2} : \overline{C_2B} = \overline{dc_2} : \overline{c_2b}$，且字母顺序一致便可得出 C_2 点的速度 v_{C_2}。

但应注意：速度影像只能用于同一构件上的速度求解。

b.加速度多边形及加速度影像。根据加速度矢量方程按一定比例尺作出的由各加速度矢量构成的图形（见图 3.1(c)）称为加速度多边形（或加速度图）。其作图起点 π 称为加速度多边形极点。加速度多边形具有以下特性：由极点 π 向外放射的矢量代表构件上同名点的绝对加速度；连接两绝对加速度矢量失端的矢量代表构件上同名两点间的相对加速度。两相对加速度又可用其法向加速度和切向加速度矢量和来表示；在同一个构件上有 n 点构成一几何图形，那么这几点在加速度多边形中也构成一与其相似的几何图形，且字母顺序排列一致，这就是加速度影像原理。同样，当已知同一构件上两点的绝对加速度时，求该构件上任一点的绝对加速度便可利用加速度影像来求出。当已知同一构件上两点的加速度（如构件 2 上 B,D 两点），可求得此构件上任一点（如 C_2 点）的加速度 $\boldsymbol{a}_{C_2}$，即作加速度图形 $\triangle d'b'c_2' \backsim \triangle DBC$，（注意这里 DBC_2 在同一直线上，所以 $d'b'c_2'$ 也应在同一直线上，且 $\overline{DC_2} : \overline{C_2B} = \overline{d'c_2'} : \overline{c_2'b'}$，且字母顺序一致便可得出 C_2 点的加速度 $\boldsymbol{a}_{C_2}$。但需注意加速度影像也只能用于同一构件上加速度求解。

(3)图解法对平面机构进行运动分析。平面机构的运动分析常见有以下两种情况：

1)一般机构的运动分析。Ⅱ级机构和高副机构均为一般机构。可用相对运动图解法直接进行 Ⅱ级机构的运动分析，故相对运动图解法是 Ⅱ级机构运动分析的一般方法；用相对运动图解法对高副机构进行运动分析时，一般先用高副低代法求出高副机构的瞬时替代机构，然后再对替代机构进行运动分析。但应注意机构不同的位置就有与该位置相对应的替代机构。如果机构只需作速度分析，且求解瞬心较方便时，最好采用瞬心法进行求解，尤其对高副机构的速度求解显得更为方便。

2)复杂机构的运动分析。通常把组合机构和Ⅲ级以上的机构称为复杂机构。对某些结构比较复杂的机构，如Ⅲ级机构的速度和加速度分析，直接用相对运动图解法求解Ⅲ级机构的速度和加速度是不可解的。如果对Ⅲ级机构，只需作速度分析时，可综合运用瞬心法和矢量方程图解法或直接用瞬心法进行求解；如果对Ⅲ级机构需作加速度分析时，需借助于组成Ⅲ级机构的Ⅲ级组中基础构件(即三副构件)上的某一个特殊点,即任意两个悬杆(二副杆)轴线的交点在基础杆上的重合点,再应用相对运动图解法进行求解,故称这种方法为特殊点法;它是Ⅲ级机构。

2.用解析法作平面机构的运动分析

速度瞬心法和相对运动图解法在一般的工程应用中已经足够精确,并且可以对复杂机构进行求解。但是对于要求高精度的机构,则应该采用解析法。

所谓解析法,就是先按照机构的位置建立位置方程,然后将位置方程对时间求导即可得到机构的速度方程和加速度方程。根据采用的方法不同,解析法又可以分为复数矢量法、矢量法、代数方法、矩阵法等多种不同的方法。这些方法中,由于复数向量法概念清楚,求导方便,尤其适用于平面连杆机构的速度分析。

解析法的主要优点是计算结果具有很高的精度;缺点是计算工作量较大,重复工作较多。随着计算机技术的不断发展,解析法在工程中得到了越来越多的应用。

解析法的重点是建立机构的位置、速度和加速度方程式。

用解析法对平面机构进行运动分析时,首先是建立机构的位置方程式,然后就位置方程对时间求一阶和二阶导数,可得速度方程和加速度方程。目前,基于计算机技术的解析法中以基本杆组分析法最为常用。其基本思路是:以刚体和基本杆组为基础,建立各已知几何参数、运动参数和未知运动参数之间的数学关系式,当需要对某一机构进行运动分析时,就可根据机构的组成结构,调用刚体和相应杆组的计算公式进行运算,得到所需要的结果。这样在实际分析中,就可以依据这些关系式,编制出求解刚体和各种基本杆组中未知运动参数的计算机运算子程序,并将其储存起来,对机构进行运动分析时,只须在主程序中调用相应的子程序,便可得到所需的结果。

3.本章重点知识结构

本章重点知识结构如图3.2所示。

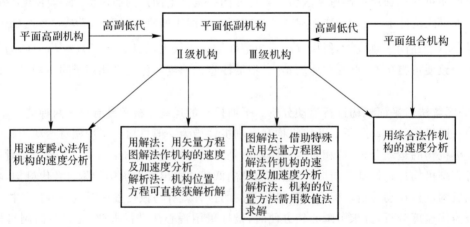

图3.2　本章重点知识结构

3.4 本章考点与例题精解

1.本章考点

(1)速度瞬心的概念和三心定理的正确运用。

(2)用速度瞬心法作机构的速度分析。

(3)用矢量方程图解法作机构的运动分析以及速度影像和加速度影像原理的应用。

(4)用解析法作机构的运动分析,关键是建立机构位置矢量封闭方程式。

＊(5)用综合法对复杂机构进行速度分析。

2.典型例题分析

例题 3.1(填空题) [南京航空航天大学 2010 研;湖南大学 2005 研]速度瞬心可以定义为相互作平面运动的两个构件上( )的点。

例题 3.2(填空题) 速度影像的相似原理只能应用于( )的各点,而不能应用于机构( )的各点。

例题 3.3(填空题) 作相对运动的三个构件的三个瞬心必( )上。

例题 3.4(填空题) 当两构件组成回转副时,其瞬心是( )。

例题 3.5(填空题) 平面四杆机构共有( )个速度瞬心,其中( )个是绝对瞬心。

例题 3.6(填空题) 平面两构件不直接组成运动副时,瞬心位置用( )。

例题 3.7(填空题) 在机构运动分析图解法中,影像原理只适用于求( )。

例题 3.8(填空题) 当两构件的相对运动为( )动,牵连运动为( )动时:两构件的重合点之间将有哥氏加速度。哥氏加速度的大小为( );方向与( )的方向一致。

例题 3.9(填空题) 当两构件组成转动副时,其相对速度瞬心在( )处;组成移动副时,其瞬心在( );组成兼有滑动和滚动的高副时,其瞬心在( )处。

例题 3.10(判断题) 速度影像只能用于同一构件上速度影像速度求解。 ( )

例题 3.11(判断题) 哥氏加速度存在的条件是:当两构件构成移动副,且动坐标含有转动分量时,则存在。 ( )

例题 3.12(判断题) 既然机构中各构件与其速度图和加速度图之间均存在影像关系,因此整个机构与其速度图和加速度图之间也存在影像关系,对吗? ( )

例题 3.13(简答题) 何谓"三心定理"?若一机构共有六个构件组成,那它共有多少个瞬心?

例题 3.14(简答题) [武汉科技大学 2008 研]在平面五杆机构中共有几个速度瞬心,其中几个是绝对瞬心。

例题 3.15(分析计算题) 如例题 3.15 图所示凸轮机构,以角速度 ω_1 绕 A 点逆时针旋转,摆杆 2 绕 C 点旋转。已知各构件尺寸,求图示位置时机构的全部瞬心以及构件 2 的角速度 ω_2。

3.典型例题的参考解答

例题 3.1【(瞬时速度相等)(或瞬时绝对速度相同)】

例题 3.2【(同一构件)(不同构件)】 例题 3.3【(在同一

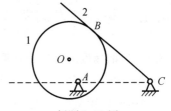

例题 3.15 图

线)】 例题 3.4【(回转副中心)】 例题 3.5【(6)(2)】 例题 3.6【(三心定理)】 例题 3.7【(同一构件上不同点的速度、加速度)】

例题 3.8【(移,转,$a_{C2C1}^k=2\omega,v_{C2C1}$,将 v_{C2C1} 沿 ω_1 转 $90°$)】

例题 3.9【(转动副中心,移动方向的垂线上无穷远处;接触点处公法线上)】

例题 3.10【(√)】 例题 3.11【(√)】 例题 3.12【(×)】

例题 3.13 答:速度瞬心并求出连杆的角速度;利用速度影像法求解则需要求出连杆上两点的速度。特点:利用瞬心法对机构进行速度分析虽然简便,但当某些瞬心位于图纸之外时,给求解带来困难;速度影像法只适用于构件,而不适用于整个机构。

例题 3.14 答:五杆机构中共有构件数目 $N=5$,则瞬心数目为

$$K=\frac{N(N-1)}{2}=\frac{5\times(5-1)}{2}=10$$

每一个活动构件和机架存在一个速度瞬心,因为机架是相对静止的构件,所以每个活动构件与机架之间的速度瞬心是绝对瞬心,因此,绝对瞬心数目为 4 个。

例题 3.15 [分析]:由题意可以明显看出本题要求采用速度瞬心法求解,且构件数目较少,用瞬心法求解比较简单。

解:① 该机构共有 3 个构件,因此瞬心总数为

$$K=\frac{N(N-1)}{2}=\frac{3\times(3-1)}{2}=3$$

从例题 3.15 图可以看出,摆杆 2 与机架、凸轮 1 与机架 3 分别在 C 点和 A 点形成转动副。所以 A 点和 C 点分别是瞬心 P_{13} 和瞬心 P_{23},它们是绝对瞬心。

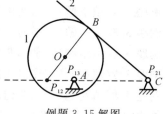

例题 3.15 解图

凸轮 1 和摆杆 2 在 B 点形成高副,所以它们的瞬心必在通过 B 点又垂直于 BC 的适线 BO 上。根据三心定理,P_{12} 还应位于瞬心 P_{13} 和瞬心 P_{23} 连线上,因此上述两连线的交点就是瞬心 P_{12}。它是相对瞬心。

以上全部瞬心的位置如例题 3.15 解图所示。

② 由于 P_{12} 是凸轮 1 与摆杆 2 的瞬心,所以有

$$\frac{\omega_1}{\omega_2}=\frac{P_{32}P_{12}}{P_{31}P_{12}}=\frac{P_{12}P_{23}}{P_{12}P_{13}}$$

即

$$\omega_2=\omega_1\frac{P_{12}P_{13}}{P_{12}P_{23}}$$

由于瞬心 P_{12} 位于瞬心 P_{13} 和瞬心 P_{23} 以外,故 ω_2 与 ω_1 的方向相同。

3.4 复习题与习题参考解答

3.1 何谓速度瞬心?相对瞬心与绝对瞬心有何异同点?

答:速度瞬心为互作平面相对运动的两构件上瞬时速度相等的重合点。

绝对瞬心的绝对速度为零,相对瞬心的绝对速度不为零。

3.2 何谓三心定理?何种情况下的瞬心需用三心定理来确定?

答:三心定理是指三个彼此作平面平行运动的构件的三个瞬心必位于同一直线上。对于不通过运动副直接相连的两构件间的瞬心位置,可借助三心定理来确定。

3.3 试求题 3.3 图所示机构在图示位置时全部瞬心的位置。

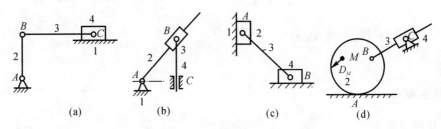

题 3.3 图

答:利用瞬心定义、三心定理确定瞬心的位置,各机构各瞬心位置如题 3.3 解图所示。

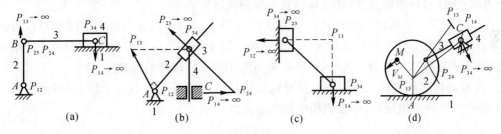

题 3.3 解图

3.4 在题 3.4 图(a)所示四杆机构的速度图和加速度图中,机架的速度影像在何处?构件 2 上速度为 p 的点在哪里?

答:如题 3.4 图(b)所示均在 p 处。

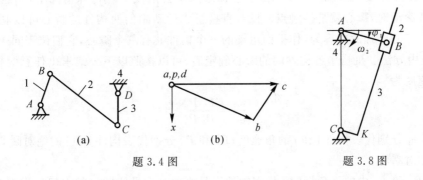

题 3.4 图   题 3.8 图

*3.8 题 3.8 图所示摆动导杆机构中。已知曲柄 AB 以等角速度 $\omega_1 = 10$ rad/s 转动。$l_{AB} = 100$ mm, $l_{AC} = 200$ mm, $l_{CK} = 40$ mm。当 $\varphi_1 = 30°$、$120°$ 时,试用解析法求构件 3 的角速度 ω_3 和角加速度 α_3。

3.6 自我检测题

1.填空题 见附录Ⅱ应试题库:1.填空题中 3(2)～3(17)题。

2. 判断题　见附录Ⅱ应试题库:2. 判断题中 3(8)题。

3. 问答题　见附录Ⅱ应试题库:4. 问答题中 3(5)~3(7)题。

4. 计算题　见附录Ⅱ应试题库:5. 计算分析题中 2(9)~3(11)题。

3.7　导教(教学建议)

一、教学重点

1. 速度瞬心法

(1)概念。速度瞬心法是利用相对瞬心为两构件的瞬时绝对速度相等的重合点这一概念,建立待求运动构件速度与已知运动构件速度之间的关系式,从而求解未知速度的方法。利用这一方法,不仅可以求解速度,还可以求解未知的角速度。

(2)优、缺点。速度瞬心法的优点是方法比较简单、直观,而且不受构件间相对位置的影响;缺点是仅适用于构件数目比较少的简单机构。对于构件数目繁多的复杂机构,由于瞬心数目比较多,求解将比较复杂。此外,这种方法不能用于求解构件的加速度。

(3)瞬心的求解方法。由于发生相对运动的任意两构件间具有一个瞬心,因此如果一个机构是由 N 个构件组成的,那么机构中的瞬心总数为

$$K = \frac{N(N-1)}{2}$$

直接组成运动副的两构件的瞬心确定方法:

1)如果两构件组成转动副,则回转中心就是它们的速度瞬心;

2)如果两构件组成移动副,则瞬心位于垂直于导路的无限远处;

3)如果两构件组成高副,则瞬心位于过接触点的公法线上。特殊情况下,当组成高副的两构件作纯滚动时,瞬心就是接触点。没有直接组成运动副的两构件的瞬心可以利用三心定理来求解。三心定理的内容为:作平面运动的三个构件共有三个瞬心,它们位于同一直线上。

(4)应用方法。机构中各构件间的瞬心确定后,可以按照以下公式求出任意两构件 i 和 j 之间的角速度为

$$\frac{\omega_i}{\omega_j} = \frac{P_{1j}P_{ij}}{P_{1i}P_{ij}}$$

式中,ω_i 和 ω_j 分别代表构件 i 和 j 的角速度;P_{1i} 和 P_{1j} 分别代表构件 i 和 j 的绝对瞬心;P_{ij} 代表两构件的相对瞬心。

注意:P_{1i} 和 P_{1j} 中的下角标"1"代表构件 1 是机架。在具体题目的求解过程中,应该采用题目中机架的具体编号来替换下角标"1"。

角速度的方向根据相对瞬心的位置来确定。如果相对瞬心位于两绝对瞬心之间,则两构件的角速度方向相反;如果相对瞬心位于两绝对瞬心之外,则两构件的角速度方向相同。

4. 相对运动图解法

相对运动图解法的基本原理是:点的绝对运动是牵连运动和相对运动的合成,刚体的平面运动是随基点的牵连平动和绕基点的相对转动的合成。

相对运动图解法就是根据上述基本原理,列出速度或加速度的矢量方程。然后按照一定

的比例尺,用作图方法来求解矢量方程。因此相对运动图解法有时又称作矢量方程图解法。

作图时采用下列比例尺:

长度比例尺 μ_L＝构件实际长度／图上代表该构件的线段长度[m/mm]

速度比例尺 μ_V＝真实速度大小／图上代表该构件速度的线段长度[m/(s·mm)]

加速度比例尺 μ_a＝ 真实加速度大小／图上代表该构件加速度的线段长度[m/(s²·mm)]

(1)同一构件上两点间的速度和加速度关系。如图3.3所示的曲柄摇杆机构,机构中构件2上的 C 点和 B 点间的速度和加速度关系为

$$v_C = v_B + v_{CB}$$
$$a_C = a_B + a_{CB}^n + a_{CB}^t$$

式中,v_C,v_B 为 C 点和 B 点的绝对速度;v_{CB} 为点的相对速度,其大小为 $v_{CB} = \omega \times l_{BC}$,方向垂直 B,指向与 ω 一致;a_C,a_B 为 C 点和 B 点的绝对加速度;a_{CB}^n 为 C 点对 B 点的相对法向加速度,其大小为 $a_{CB}^n = \omega_2^2 \times l_{BC}$ 方向由 C 指向 B;a_{CB}^t 为 C 点对 B 点的相对切向加速度,其大小为 $a_{CB}^t = \varepsilon_2 \times l_{BC}$ 方向垂直 BC,指向与瞬时角加速度一致;ω_2 和 ε_2 分别是构件,2的角速度和角加速度。

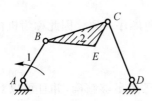
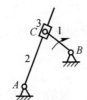
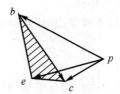

图3.3　曲柄摇杆机构　　　图3.4　导杆机构　　　图3.5　导杆机构

(2)两构件上重合点间的速度与加速度关系。如图3.4所示的导杆机构,杆2与滑块3上重合点 C 之间的运动乡

$$v_{C_3} = v_{C_2} + v_{C_3 C_2}$$
$$a_{C_3} = a_{C_2} + a_{C_3 C_2}^k + a_{C_3 C_2}^r$$

即

$$a_{C_3}^n + a_{C_3}^t = a_{C_2} + a_{C_3 C_2}^k + a_{C_3 C_2}^r$$

式中,v_{C_3},v_{C_2} 为构件3和构件2上 C 点的绝对速度;$v_{C_3 C_2}$ 为 C_3 点对 C_2 点的相对速度,其方向沿移动副的移动方向;$a_{C_2}^n$ 为构件3上 C 点的法向加速度;$a_{C_2}^t$ 构件3上 C 点的切向加速度;a_{C_n} 构件2上 C 点的加速度;$a_{C_3 C_2}^k$ 为 C_3 点对 C_2 点的哥氏加速度,大小为 $a_{C_3 C_2}^k = 2\omega_2 v_{C_3 C_2}$ 方向为 $v_{C_3 C_2}$ 向沿 ω_2 转过 $90°$;$a_{C_3 C_2}^r$ 为 C_3 点对 C_2 点的相对加速度,方向沿移动副的相对移动方向。

(3)速度影像。图3.3所示的曲柄摇杆机构的速度多边形如图3.5所示,起点 P 为极点。速度多边形具有以下特征:

1)极点代表该构件上速度为零的点。

2)速度多边形中的任一点联接极点 P 的矢量,代表在机构图中同名点的绝对速度,其指向是从极点 p 指向该点。

3)联接除极点 p 外的任意两点的矢量,代表在机构图中同名两点间的相对速度,其指向与速度角标相反。

注意　速度多边形中代表两点间相对速度的矢量的指向与速度角标是相反的。例如,矢量 bc 代表 v_{cb},而不是 v_{bc}。

4）速度多边形与机构图中对应图形具有相似的关系，且字母顺序一致。例如图3.5所示的速度多边形中的△与如图3.3所示的机构图中△BCE相似，且字母顺序一致。因此，△bce称为△BCE的速度影像。

技巧：

利用速度影像原理，当已知一构件上两点间的速度，即可求得此构件上任一点C的速度。例如在图3.3所示机构中，已知B，C两点速度，欲求E点速度，则可以做△bce∽△BCE且字母顺序一致。在图中量取线段pe的长度，再乘以速度比例尺，便可求得E点的速度。

注意：

速度影像的相似原理只能应用于同一构件上的两点，不能应用于不同构件上的两点。

（4）加速度影像。加速度多边形同样具有以下特性：

1）极点代表该构件上加速度为零的点，通常用字母π来表示；

2）加速度多边形中的任一点联接极点π的矢量，代表在机构图中同名点的绝对加速度，其指向为从极点托指向该点；

3）联接除极点π外的任意两点的矢量，代表在机构图中同名两点间的相对加速度，π指向与加速度角标相反。

同样，加速度多边形与机构图中对应图形相似，且字母顺序一致。因此称为机构图的加速度影像。

5.解析法

速度瞬心法和相对运动图解法在一般的工程应用中已经足够精确，并且可以对复杂机构进行求解。但是对于要求高精度的机构，则应该采用解析法。

所谓解析法，就是先按照机构的位置建立位置方程，然后将位置方程对时间求导即可得到机构的速度方程和加速度方程。根据采用的方法不同，解析法又可以分为复数矢量法、矢量法、代数方法、矩阵法等多种不同的方法。这些方法中，由于复数向量法概念清楚，求导方便，尤其适用于平面连杆机构的速度分析。

解析法的主要优点是计算结果具有很高的精度；缺点是计算工作量较大，重复工作较多。随着计算机技术的不断发展，解析法在工程中得到了越来越多的应用。

解析法的重点是建立机构的位置、速度和加速度方程式。

6.运动分析问题求解方法的一般性讨论

（1）一般机构。所谓一般机构指Ⅱ级机构和高副机构，这一类机构的运动分析可以按照以下方法进行：

1）如果仅要求进行速度分析，采用瞬心法求解比较简便，尤其对高副机构这一优势更加明显。

2）如果要求同时进行速度分析和加速度分析，采用相对运动图解法可以求解。相对运动图解法是对这一类机构进行运动分析的一般解法。

3）对于高副机构的运动分析，也可以首先采用"高副低代"的方法，求出高副机构的替代机构，然后再对替代机构进行运动分析。

（2）复杂机构。所谓复杂机构指组合机构和Ⅲ级以上机构。这类机构由于比较复杂，直接采用相对

运动图解法进行运动分析是不可解的。这类机构的运动分析可以按照以下方法进行。

1)如果仅要求进行速度分析,可以直接采用瞬心法或采用综合法。所谓综合法就是综合使用速度瞬心法和相对运动图解法。

2)在仅要求进行速度分析的情况下,还可以采用变换原动件的方法进行求解。机构在满足确定运动条件下,无论取哪一个构件作原动件,机构的运动都是确定的,并且速度图的形状仅与机构的位置有关,与原动件的真实速度大小无关。根据这一原理,变换机构的原动件,可以将Ⅲ级机构变为Ⅱ级机构,然后采用相对运动图解法进行求解。

3)对复杂机构的加速度分析,需要采用特殊点法,在机构中找若干特殊点,然后用相对运动图解法进行求解。关于特殊点的选取方法,我们将在后面的例题中进行介绍。

(3)原动件不是连架杆的机构。这一类机构的速度分析可以采用瞬心法、综合法,或者采用变换原动件的方法。

(4)多原动件机构。多原动件机构指机构中有多于1个原动件的机构。对于这一类机构的运动分析,可以采用相对运动图解法,根据各原动件的运动分别列出速度方程和加速度方程,然后联立求解。如果仅要求进行速度分析,也可以采用速度瞬心法。

二、教学难点

本章难点是对机构的加速度分析,尤其是含有哥氏加速度机构的加速度分析。当机构中存在具有转动的两构件组成的移动副时,机构中就有哥氏加速度存在;当两构件组成的移动副作平动时,则不存在哥氏加速度。在图 3.6 所示机构中有哥氏加速度存在,而在图 3.7 所示机构中则没有哥氏加速度存在。

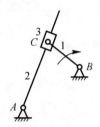
图 3.6 有哥氏加速度的机构

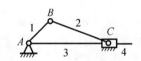
图 3.7 没有哥氏加速度的机构

三、例题精选

例 3.1 图 3.8 所示的颚式破碎机,已知:$x_D = 260$ mm,$y_D = 480$ mm,$x_G = 4$ mm,$y_G = 200$ mm,$l_{AB} = l_{CE} = 100$ mm,$l_{BC} = l_{BE} = 500$ mm,$l_{CD} = 300$ mm,$l_{EF} = 400$ mm,$l_{FH} = 800$ mm,$l_{GH} = 680$ mm,$\varphi_1 = 45°$,$\omega_1 = 30$ rad/s,求 ω_5,ε_5。

分析:这道题目构件的数目较多,又要求同时进行速度分析和加速度分析,因此用瞬心法进行求解是不合适的。对机构进行级别判定后可以看出,该机构是一个Ⅱ级机构。综合以上分析,本题目采用相对运动图解法进行求解比较合适。

解 (1)选取合适的长度比例尺 μ_L 作机构的运动简图,如图 3.8 所示。

(2)求解 ω_5:

$$v_B = l_{AB}\omega_1 = 0.1 \times 30 = 3 \text{ m/s}$$

选取合适的速度比例尺 μ_V,则可以在速度图上绘制表示 V_B 的矢量 pb。

由

$$\boldsymbol{v}_{\mathrm{C}} = \qquad \boldsymbol{v}_{\mathrm{B}} \qquad + \qquad \boldsymbol{v}_{\mathrm{CB}}$$

方向： $\perp CD$ $\quad\perp AB$ $\quad\perp CB$

大小： ？ $\quad\omega_1 l_{\mathrm{AB}}$ $\quad$？

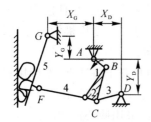

图 3.8 运动简图

图 3.9 速度多边形

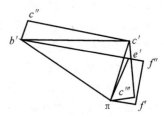

图 3.10 加速度多边形

绘制速度图，可解出 $\boldsymbol{v}_{\mathrm{C}}$。再按照速度影像法，作 $\triangle bce \backsim \triangle BCE$，且字母顺序相同，解出 v_{E}。速度图如图 3.9 所示。

$$\boldsymbol{v}_{\mathrm{F}} = \qquad \boldsymbol{v}_{\mathrm{E}} \qquad + \qquad \boldsymbol{v}_{\mathrm{FE}}$$

方向： $\perp FG$ $\quad$已知 $\quad\perp FE$

大小： ？ $\quad\mu_v pe$ $\quad$？

绘制速度图，可解出 v_{F}。则

$$\omega_5 = \frac{v_{\mathrm{F}}}{l_{\mathrm{FG}}}$$

方向为逆时针方向。

（3）求解 a_5：

$$a_{\mathrm{B}} = l_{\mathrm{AB}}\omega_1^2 = 0.1 \times 30^2 = 90 \ \mathrm{m/s^2}$$

由

$$\boldsymbol{a}_{\mathrm{C}} = \quad \boldsymbol{a}_{\mathrm{C}}^{\mathrm{n}} \quad + \quad \boldsymbol{a}_{\mathrm{C}}^{\mathrm{t}} \quad = \quad \boldsymbol{a}_{\mathrm{B}} \quad + \quad \boldsymbol{a}_{\mathrm{CB}}^{\mathrm{n}} \quad + \quad \boldsymbol{a}_{\mathrm{CB}}^{\mathrm{t}}$$

方向： $C \rightarrow D \quad \perp CD \quad B \rightarrow A \quad C \rightarrow B \quad \perp CB$

大小： $\dfrac{v_{\mathrm{C}}^2}{l_{\mathrm{CD}}} \quad$ ？ $\quad l_{\mathrm{AB}}\omega_1^2 \quad \dfrac{v_{\mathrm{CB}}^2}{l_{\mathrm{CB}}} \quad$ ？

选取合适的加速度比例尺 μ_a，作加速度多边形，解出 a_c，加速度多边形如图 3.10 所示。再根据加速度影像法作 $\triangle b'c'e' \backsim \triangle BCE$，且字母顺序相同，解出 $\boldsymbol{q}_{\mathrm{E}}$

由

$$\boldsymbol{a}_{\mathrm{F}} = \quad \boldsymbol{a}_{\mathrm{F}}^{\mathrm{n}} \quad + \quad \boldsymbol{a}_{\mathrm{F}}^{\mathrm{t}} \quad = \quad \boldsymbol{a}_{\mathrm{E}} \quad + \quad \boldsymbol{a}_{\mathrm{FE}}^{\mathrm{n}} \quad + \quad \boldsymbol{a}_{\mathrm{FE}}^{\mathrm{t}}$$

方向： $F \rightarrow E \quad \perp FG \quad$已知 $\quad F \rightarrow E \quad \perp FE$

大小： $\dfrac{v_{\mathrm{F}}^2}{l_{\mathrm{FG}}} \quad$ ？ $\quad$已知 $\quad \dfrac{v_{\mathrm{FE}}^2}{l_{\mathrm{FE}}} \quad$ ？

作加速度多边形，解出 $a_{\mathrm{F}}^{\mathrm{t}}$。则

$$\varepsilon_5 = \frac{a_{\mathrm{F}}^{\mathrm{t}}}{l_{\mathrm{FG}}}$$

方向为逆时针方向。

例 3.2 图 3.10 所示的铰链四杆机构，已知机构的位置，各构件的长度以及曲柄 l 的等角速度叫 ω_1，求构件 3 的角速度 ω_3 以及 C,D,E 三点的速度。

分析:经过对机构进行级别判定可知,该机构为一个 Ⅲ 级机构,属于复杂机构。对于这一类机构,我们既可以通过变换原动件的方法,降低机构极别后进行求解,也可以采用特殊点进行求解。这里我们采用特殊点法。

解:(1) 选取合适的长度比例尺 μ_L 作机构的运动简图,如图 3.11 所示。

(2) 求解 ω_3 及 C,D,E 三点的速度:

$$v_B = l_{AB}\omega_1$$

其方向垂直于 AB 且指向与 ω_1 一致。选取合适的速度比例尺 μ_v,则可以在速度图上绘制表示 v_B 的矢量 $\boldsymbol{pb}$。应用相对速度原理,有

$$v_C = v_B + v_{CB}$$
$$v_C = v_D + v_{CD}$$

将以上两式联立求解,有三个矢量 v_{CB}, v_C, v_{CD} 的大小是未知的,故不可解。

为了解决这一问题,在构件 3 内部任意选取一点 X(见图 3.12),则该点的速度为

$$v_X = v_C + v_{XC} = v_B \quad + \quad v_{CB} \quad + \quad v_{XC} \quad = \quad v_D \quad + \quad v_{XD}$$

方向:　$\perp AB$　$\perp CB$　$\perp XC$　$\perp DF$　$\perp XD$

大小:　$l_{AB}\omega_1$　?　?　?　?

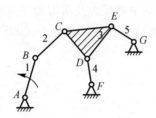

图 3.11　铰链四杆机构

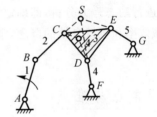

图 3.12　运动简图

上式中,当 CB 与 XC 方向不一致及 DF 与 XD 方向不一致时,方程中有四个未知量而不可解。如果 X 点的位置位于 BC 和 FD 延长线的交点上,XX 点位于 S 点(见图 3.12),上式变为

$$v_S \quad = \quad v_B \quad + \quad v_{CB} + v_{SC} = v_D + v_{SD}$$

方向:　$\perp AB$　$\perp SCB$　$\perp SDF$

大小:　$l_{AB}\omega_1$　?　?

在上式中,v_{CB} 与 v_{SC} 位于同一直线上,v_D 与 v_{SD} 位于同一直线上,因此只含有两个知量,可以采用相对速度图解法求解。

S 点的速度解出后,同样采用相对速度图解法可以解出 E 点的速度 v_E 再根据速度影像法,可以解出 v_D 和 v_c。

构件 3 的角速度为

$$\omega_3 = \frac{v_{ES}}{l_{ES}}$$

提示:

上述方法中的点 S 称为特殊点,它的位置位于两个杆的延长线交点上。在本例中,S 点就位于杆 BC 和杆 FD 延长线的交点上。这种借助特殊点进行求解的方法就是特殊点法。

第4章 平面机构的力分析

4.1 本章学习要求

本章主要分析了作用在机械中的力和几种常见运动副中的摩擦力,以及由于摩擦的存在而引起的机械效率和自锁问题。学习要求:

(1)了解机构中作用的各种力及机构力分析的目的。

(2)搞清机械中力、移动副、螺旋副和转动副中的摩擦的概念,理解当量摩擦因数、摩擦和总反力的含义。

(3)能正确判定运动副中总反力的方向,掌握各种运动副中摩擦问题的分析和计算方法。能对一般的机构进行动态静力分析,即确定各运动副中的反力及所需加于机械上的平衡力。

(4)理解机械效率和机械自锁的概念,掌握机械效率的各种表达形式和计算方法,正确确定机械自锁条件。

4.2 本章重点与难点

1.本章的重点

(1)机械中力、运动副中摩擦、机械效率和机械自锁的概念以及运动副中总反作用线的确定。

(2)摩擦力或力矩的计算。

(3)机械效率的计算。

(4)机械自锁条件的确定。

2.本章的难点

本章的理论基础是《理论力学》。若理论力学知识欠缺,就形成多处难点。

本章主要难点是平面机构中运动副总反力作用线的确定和机械自锁条件的确定。在确定机构运动副中总反力作用时,应先判定总反力的粗略方向,即在不考虑摩擦的情况下,分析机构中各构件的受力情况,找出二力构件和三力构件并根据力的平衡条件和机构在驱动力作用下的运动方向,用直观的方法判定总反力的粗略方向;再根据机构在驱动力作用下的运动方向,确定出机构中组成转动副两构件间的相对运动关系,并示出它们的相对速度(或相对角速度)的方向;然后再根据运动副中总反力作用线的确定原则,确定出运动副中总反力作用线的真实方位。

4.3　本章学习方法指导

1.本章学习方法综述

本章讨论机构的作用力分析问题。采用的主要原理是达朗贝尔原理或称动态静力分析方法,它在理论力学中有详细的论述。课堂上主要讨论该原理在机构力分析中的具体应用,问题的核心是:惯性力、惯性力矩的确定和力分析的解法,假定已知机构的驱动力或生产阻力,构件的主要尺寸、质量、转动惯量等参数。实际上,在着手进行机构的受力分析时,上述很多参数并非已知,这将意味着设计者需要多方面地查找资料,参考类似机构的有关数据和一些经验公式,预先初步估计未知参数的大概数值,然后才可能进行力的分析。在经过第一轮分析后,进行强度计算和校核,再反过来修正原始数据。如此反复直到满意为止。

力分析的具体解法有图解法和解析法。讲述图解法的主要目的在于进行力分析时建立准确的几何概念,明确求解的基本原理,做到思路清晰。实际力分析应用中解析法较常用,它通常采用计算机求解,速度快、精度高,尤其是针对需要反复进行的分析计算。另外,进行机构的力分析可以像机构运动分析那样针对杆组对象进行编程,得到机构力分析的通用标准子程序,使解析法更具实用价值。

2.本章知识要点

(1)机构力分析的任务:

1)确定运动副中的反力。运动副反力是运动副两元素接触处彼此作用的正压力和摩擦力的合力。

2)确定机械上的平衡力或平衡力偶。机械在已知外力作用下,为了使该机构能按给定的运动规律运动,而必须加于机械上的未知外力称为平衡力。

3)机械效率的计算和自锁条件。

(2)机构力分析的方法:

1)静力分析:是在不计惯性力条件下,对机械进行的力分析。此方法只适用于低速机械。静力分析的方法有图解法和解析法两种。

2)动态静力分析:是将惯性力视为一般外力加于相应构件上,再按静力分析的方法进行分析的力分析方法。

机构的动态静力分析步骤:

a.计算各构件的惯性力;

b.确定机构动态静力学分析中的起始物件,并进行拆杆组;

c.从离开起始物件最远的杆组进行力的计算,最后再推算到起始构件;

④对机构的一系列位置进行动态静力计算,求出各运动副中的反力和平衡力。

(3)作用在机械上的力。在运动过程中其各构件要受到各种力的作用,依据各力对机械运动的影响不同.分为以下两大类:

1)驱动力:驱动机械产生运动的力,其与作用点速度的方向相同或成锐角,所做的功,称为驱动功或输入功。

2)阻扰力:阻止机械产生运动的力,其与作用点速度的方向相反或成钝角,所做的功,称为阻抗功。阻抗力又分为两类:

a. 有效阻力：改变工作物的外形、位置或状态所受力，其所受的功称为有效功或输出功。

b. 有害阻力：机械运动中受到的非生产阻力。机械有害阻力所做的功称为损失功，它纯粹是一种浪费。

具体的某一种力在不同的情况下可能是驱动力，也可能是有效阻力或有害阻力。

3. 本章内容提要

(1) 构件惯性力的确定。有一般力学方法和质量代换法两种。

1) 一般力学方法。作平面复合运动的构件：其惯性力系可简化为一个加在质心上的惯性力和一个惯性力偶矩。

a. 作平面移动的构件：则其惯性力系可简化为一个加在质心上的惯性力。

b. 绕定轴转动的构件：若其轴线不通过质心，则其惯性力系可简化为一个加在质心上的惯性力和一个惯性力偶矩；若其轴线通过质心，则其惯性力系可简化为一个加在质心上的惯性力。

2) 质量代换法。把构件的质量按一定条件用集中于构件上某个选定点的假想集中质量来代替，从而确定惯性力的方法称为质量代换法。

为使构件的惯性力和惯性力偶矩保持不变，构件在质量代换前后应满足以下三个条件。

a. 代换前后构件的质量不变；

b. 代换前后构件的质心位置不变；

c. 代换前后构件对质心轴的转动惯量不变。

(2) 运动副中的摩擦和总反力方向的确定。关于当量摩擦因数：为了计算方便，把运动副元素几何形状对运动副摩擦力的影响因素计入后的摩擦因数。用 f_v 表示。

当引入当量摩擦因数之后，不论运动副两元素几何形状如何，运动副中的滑动摩擦力均可用通式 $F_{f21} = f_v G$ 来计算。

为了便于机构受力分析，通常将正压力 F_{N21} 与摩擦力 F_{f21} 作为一个合力来考察，该合力称为总反力，用 F_{R21} 表示，如图 4.1 所示。总反力 F_{R21} 与正压力 F_{N21} 之间的夹角 φ 称为摩擦角。$\varphi = \arctan f$ 或 $\varphi_v = \arctan f_v$。

1) 移动副。对移动副来说，其总反力 F_{R21} 作用线方向可根据以下两点来确定：

a. F_{R21} 与移动副接触面的公法线偏斜一摩擦角 φ 或 φ_v；

b. F_{R21} 与公法线偏斜方向与构件 1 相对于构件 2 的相对运动速度 v_{12} 方向相反。

2) 螺旋副。对于螺旋副中的摩擦力的计算，可将螺旋副简化为一个斜面机构，利用移动副摩擦的计算方法来进行。矩形螺纹的螺旋副拧紧螺母时所需的力矩为

$$M = F d_2 / 2 = G d_2 \tan(\alpha + \varphi) / 2$$

而放松螺母所需的力矩为

$$M' = F' d_2 / 2 = G d_2 \tan(\alpha - \varphi) / 2$$

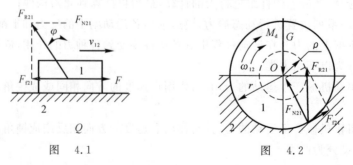

图 4.1   图 4.2

3）三角螺纹的螺旋副。对于三角螺纹的螺旋副，只要引入当量摩擦因数 $f_v = f/\cos\beta$（β 为螺纹工作面的牙形斜角）和相应的当量摩擦因数 φ_v 即可。

4）转动副。对于转动副中的摩擦可分为轴颈的摩擦和轴端的摩擦两部分。如图4.2所示的轴承，轴承2对轴颈1的总摩擦力 $F_{N21} = fF_{N21} = f_v G$，其对轴颈所产生的摩擦力矩为

$$M_f = F_{R21} = f_v Gr = F_{R21}\rho$$

式中，$\rho = f_v r$，r 为轴颈的半径，而 $f_v = kf = (1 \sim \pi/2)f$ 为当量摩擦因数。

对于一具体的轴颈，以轴心 O 为圆心，以 ρ 为半径所作的圆称为摩擦圆，ρ 称为摩擦圆半径。

转动副中总反力作用线可根据以下三点来确定：

a. 在不考虑摩擦情况下，由力的平衡条件初步确定总反力的方向；

b. 总反力始终切于摩擦圆；

c. 总反力 F_{R21} 对轴颈中心之矩的方向应与轴颈1相对于轴承2的相对角速度的方向相反。

对于如图4.3所示的轴端的摩擦，当轴端相对于轴承作等速转动时，其轴端所受的总摩擦力矩为

$$M_f = \int_r^R \rho f p \,\mathrm{d}s = 2\pi f \int_r^R p\rho^2 \,\mathrm{d}s$$

式中，p 为轴端接触面上的压强；R 及 r 分别为轴端接触环面的大、小半径。

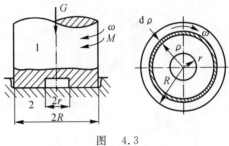

图 4.3

5）平面高副中的摩擦。平面高副两元素之间的相对运动通常是滚动兼滑动，但一般只考虑滑动摩擦。其总反力方向的确定方法与移动副相同。

（3）不考虑摩擦时机构的力分析。

1）构件组的静定条件中，若有 n 个构件，且共有 p_L 个低副和 p_H 个高副，则其静定条件为 $3n = 2p_L + p_H$ 由此可见，基本杆组均满足静定条件。

2）用图解法作机构的动态静力分析：

a. 求出各构件的惯性力，并将惯性力视为加于构件上的外力；

b. 根据静定条件将机构分解为若干个构件组和有平衡力作用的构件；

c. 从离平衡力最远的构件开始，逐步对各构件组进行力的分析；

d. 按选定的比例尺作图求解。

3）用解析法作机构的动态静力分析。机构力分析的解析方法很多，其共同点都是根据力平衡条件列出各力之间的关系式后再求解。

（4）考虑摩擦时机构的受力分析。关键是确定运动副中总反力的方向。

1）总反力的方向可直接定出时，先从二力构件作起；

2）总反力的方向不能直接定出时，采用逐次副近的方法。

4. 机械自锁的概念和自锁条件的确定

有些机械，就其结构是可以运动的，但由于摩擦的存在，却会出现无论如何增大驱动力，也无法使其运动的现象. 这种现象称为机械的自锁。

机械自锁是有条件的,判定机械自锁的条件有以下 3 种方法。

1) 根据机械中运动副的自锁条件来确定:

a. 移动副的自锁条件为驱动力作用于摩擦角之内,即 $\beta \leqslant \varphi$,其中 β 为传动角;

b. 转动副的自锁条件为驱动力作用于摩擦圆之内,即 $a \leqslant \rho$,其中 a 为驱动力臂长;螺旋副的自锁条件为螺纹升角 α 小于或等于螺旋副的摩擦角或当量摩擦角,即 $\alpha \leqslant \varphi_v$。

2) 根据机械效率小于或等于零的条件来确定,即 $\eta \leqslant 0$。

3) 根据机械自锁时生产阻力 G 小于或等于零的条件来确定,即 $G \leqslant 0$。

5. 考虑摩擦时机构的受力分析

关键是确定运动副中总反力的方向。

(1)总反力的方向可直接定出时,先从二力构件作起;

(2)总反力的方向不能直接定出时,采用逐次逼近的方法。

6. 本章归纳小结及知识结构框图

本章的核心是机械的摩擦,先分析运动副中摩擦,再分析摩擦力的计算,并计算机械效率,判断机械自锁条件。本章知识结构框图如图 4.4 所示。

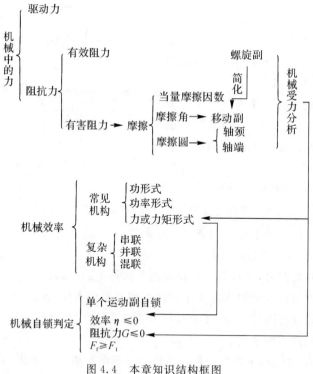

图 4.4　本章知识结构框图

4.4　本章考点例题解析

1. 本章考点

(1)运动副中摩擦力(矩)的确定,总反力作用线的确定;

（2）考虑摩擦时机构的受力分析；

（3）机构在正反行程时的效率及自锁条件的确定。

考点以名词、术语、概念题为主，也有较简单机构的计算题。

题型主要有填空题、判断题、简答题、计算题。

2.例题解析

例题 4.1（填空题） 作用在机械上的力分为两类：（1）是（　　），（2）是（　　）。

例题 4.2（填空题） 驱动机械运动的力。该力与其作用点的（　　）方向相同，其所作的功为（　）功，称为（　　）或（　　）。

例题 4.3（填空题） 阻抗力即阻止机械运动的力。该力与其作用点的（　　）方向相同，其所作的功为（　　）功，称为阻抗力。

例题 4.4（填空题） 构件惯性力的确定方法有两种：（1）是（　　），（2）是（　　）。

例题 4.5（填空题） 作平面复合运动的构件：其惯性力系可简化为一个加在质心上的（　）力和一个（　　）力偶矩。

例题 4.6（填空题） 把构件的质量按一定条件用集中于构件上某个选定点的假想集中质量来代替，从而确定惯性力的方法称为（　　）法。

例题 4.7（判断题） 在外载荷和接触表面状况相同的条件下，三角螺纹的摩擦力要比矩形螺纹的大，是因为摩擦面上的法向反力更大。　　　　　　　　　　　　　（　　）

例题 4.8（判断题） 在考虑摩擦的转动副中，总反力作用线永远切于摩擦圆。　（　　）

例题 4.9（判断题） 平面摩擦的总反力方向恒与运动方向成一钝角。　　　　　（　　）

例题 4.10（选择题） 两运动副的材料一定时，当量摩擦因数取决于（　　）。

A.运动副元素的几何形状　　　　　　　B.运动副元素间相对运动速度大小

C.运动副元素间作用力的大小　　　　　D.运动副元素间温差的大小

例题 4.11（选择题） 机械出现自锁是由于（　　）。

A.机械效率小于零　　　B.驱动力太小　　　C.阻力太大　　　D.约束反力太大

例题 4.12（选择题） 机械中采用环形支承的原因是（　　）。

A.加工方便　　　　　　　　　　　B.避免轴端中心压强过大

C.便于跑合轴端面　　　　　　　　D.提高承载能力

例题 4.13（选择题） 一台机器空运转，对外不作功，这时机器的效率（　　）。

A.大于零　　　　　B.小于零　　　　　C.等于零　　　　　D.大小不一定

例题 4.14（选择题） 从机械效率的观点看，机构发生自锁是由于（　　）。

A.驱动力太小　　　　B.生产阻力太大　　　C.效率小于零　　　D.摩擦力太大

例题 4.15（简答题） 何谓质量代换法？进行质量代换的目的何在？动代换和静代换各应满足什么条件？各有何优缺点？静代换两代换点与构件质心不在一直线上可以吗？

例题 4.16（简答题） 构件组的静定条件是什么？基本杆组都是静定杆组吗？

例题 4.17（简答题） 当作用在转动副中轴颈上的外力为一单力，并分别作用在其摩擦圆之内、之外或相切时，轴颈将作何种运动？当作用在转动副中轴颈上的外力为一力偶矩时，也会发生自锁吗？

例题 4.18（简答题） 何谓平衡力与平衡力矩？平衡力是否总是驱动力？

例题 4.19（分析计算题） ［武汉科技大学 2009 考研试题］如例题 4.19（a）图所示，已知作

用在滑块 l 上的外力 $F_Q=1\ 000$ N，$\alpha=45°$，摩擦因数 $f=0.25$，求使构件 l 等速上升的水平力 F_d 及该机构的机械效率 $\eta=$?

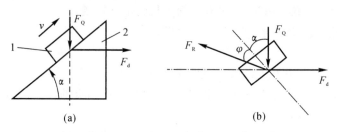

例题 4.19 图

3.典型例题的参考解答

例题 4.1【（驱动力），（阻抗力）】 例题 4.2【（速度）（正）（驱动功）或（输入功）】

例题 4.3【（速度）（负）（驱动功）或（输入功）】 例题 4.4【（一般力学方法），（质量代换法）】 例题 4.5【（惯性），（惯性力）】 例题 4.6【（质量代换法）】

例题 4.7【（√）】 例题 4.8（×）】 例题 4.9【（√）】 例题 4.10【（A）】

例题 4.11【（A）】 例题 4.12【（B）】 例题 4.13【（C）】 例题 4.14【（C）】

例题 4.15 答：(1)质量代换法是把构件的质量按一定条件用集中于构件上某个选定点的假想集中质量来代替的方法。

(2)目的：质量代换法只需求各集中质量的惯性力，无需求惯性力偶矩，简化了惯性力的确定。

(3)动代换满足的条件：①代换前后构件的质量不变；②代换前后构件的质心位置不变；③代换前后构件对质心轴的转动惯量不变。

优点：代换后，构件的惯性力和惯性力偶都不会发生改变；

缺点：一代换点确定后，另一代换点位置不能随意选择，否则会给工程计算带来不便。

(4)静代换满足的条件：①代换前后构件的质量不变；②代换前后构件的质心位置不变。

优点：两个代换点位置均可以任意选取，引起的误差能被一般工程接受，常为工程上所采纳；

缺点：代换后，构件的惯性力偶会产生一定误差。

(5)静代换时，两代换点与梅件质心必在一条直线上，因为两代换点的质心在两代换点的连线上，如果两代换点不与构件质心共线，则无法满足代换前后构件的质心位置不变这个条件。

例题 4.16 答：构件组的静定条件：$3n=2p_L+p_H$，其中 n 为构件组中构件数目，p_L 为低副个数，p_H 为高副个数。

由于基本杆组符合 $3n-2p_L-p_H=0$，所以基本杆组都满足静定条件，都是静定杆组。当作用在转动副中轴颈上的外力为一力偶矩时，也会发生自锁吗？

例题 4.17 答：

(1) 外力作用在摩擦圆之外，则驱动力矩大于摩擦力矩，轴颈将加速转动。

外力作用线与摩擦圆相切，则驱动力矩等于摩擦力矩，轴颈在轴承中处于临界自锁状态，轴颈作等速转动（如果原来轴颈是转动的）或静止不动（若轴颈原来就未转动）。

外力作用线与摩擦圆相割,即驱动力小于最大摩擦力矩,轴颈发生自锁。

(2) 会,当 $M_{外} < M_f$ 时发生自锁。

例题 4.18 答:与作用在机构各构件上的已知外力和惯性力相平衡的;作用在某构件上的未知外力或力矩称为平衡力或平衡力矩。

平衡力不总是驱动力。驱动力是驱动机械运动的力,平衡力与已知外力平衡,可以驱动机械运动成为驱动力,也可阻碍机械运动成为阻抗力。

例题 4.19 解:由题意可得,摩擦角:$\varphi = \arctan f = 14.036°$。

(1) 对滑块进行受力分析,如例题 4.19(b) 图所示,分别向水平和竖直方向投影,并根据力的平衡条件可得

$$F_R \sin(\alpha + \varphi) - F_d = 0 \qquad \text{①}$$
$$F_R \cos(\alpha + \varphi) - F_Q = 0 \qquad \text{②}$$

联立式 ①② 可得
$$F_d = F_0 \tan(\alpha + \varphi) \qquad \text{③}$$

代入数据得,使构件等速上升的水平力为
$$F_d = F_Q \tan(\alpha + \varphi) = 1\,000 \times \tan(45° + 14.036°) = 1\,666.7 \text{ N}$$

(2) 该机构的机械效率为
$$\eta = \frac{\tan\alpha}{\tan(\alpha + \varphi)} = \frac{\tan45°}{\tan59.036°} = 0.60$$

4.5 复习题与习题参考解答

4.1 眼镜用小螺钉($M1 \times 0.25$)与其他尺寸螺钉(例如 $M8 \times 1.25$)相比,为什么更易发生自动松脱现象(螺纹中径 = 螺纹大径 $- 0.65 \times$ 螺距)?

解:(1)$M1 \times 0.25$ 螺钉

螺纹中径为 $\qquad d_2' = 1 - 0.65 \times 0.25 = 0.837\,5 \text{ mm}$

螺纹升角为 $\qquad \alpha' = \arctan \dfrac{P'}{\pi d_3'} = \arctan \dfrac{0.25}{0.837\,5\pi} = 5.43°$

(2)$M8 \times 1.25$ 螺钉

螺纹中径为 $\qquad d_2'' = 8 - 0.65 \times 1.25 = 7.187\,5 \text{ mm}$

螺纹升角为 $\qquad \alpha'' = \arctan \dfrac{P''}{\pi d_3''} = \arctan \dfrac{1.25}{7.187\,5\pi} = 3.17° < \alpha'$

综上比较可知,小螺钉的螺纹升角通常大于大螺钉螺纹升角,故小螺钉通常不具有自锁件或自锁性较差,因此,更易发生自动松脱现象。

4.2 当作用在转动副中轴颈上的外力为一单力,并分别作用在其摩擦圆之内、之外或相切时,轴颈将作何种运动?当作用在转动副中轴颈上的外力为一力偶矩时,也会发生自锁吗?

解:(1) 外力作用在其摩擦圆之内,则外力对轴颈中心的力矩小于本身引起的最大摩擦力矩,轴颈发生自锁;外力作用在摩擦圆之外,则外力对轴颈中心的力矩大于本身引起的最大摩擦力矩,轴颈将加速转动;外力作用线与摩擦圆相切,则外力对轴颈中心的力矩等于本身引起的摩擦力矩,轴颈在轴承中处于临界状态,轴颈作等速转动(如果原来轴颈是转动的)或静止不动(若轴颈原本就未转动)。

(2) 会发生自锁。当此外力偶矩小于自身最大摩擦力矩时即发生自锁。

4.3 自锁机械根本不能运动,对吗? 试举 2～3 个利用自锁的实例。

解:不对。自锁机械只有在满足自锁条件的状态下不能运动,在其他的情况下是可以运动的。自锁常用于螺旋千斤顶、斜面压榨机、偏心夹具和凸轮机构的推杆等。

4.4 在转动副中。无论什么情况,总反力始终应与摩擦圆相切的论断正确否? 为什么?

解:不正确。当轴颈相对于轴承滑动时,轴承对轴颈的总反力才始终切于摩擦圆;当轴颈相对于轴承无滑动时,没有摩擦力,总反力不切于摩擦圆。

4.5 机械效益 Δ 是衡量机构力放大程度的一个重要指标。其定义为在不考虑摩擦的条件下机构的输出力(力矩)与输入力(力矩)之比值,即 $\Delta = |M_r/M_d| = |F_r/F_d|$。试求题 4.5 图所示各机构的机械效益,图(a)所示为一铆钉机,图(b)为一小型压力机,图(c)为一剪刀机。(计算中所需各尺寸从图中量取。)

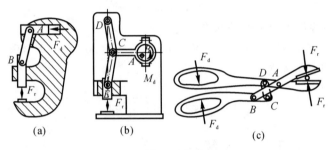

题 4.5 图

解:(1) 铆钉机的机构运动简图如图题 4.5(a_1)所示,作图比例尺 $\mu = 0.5$ mm/mm。分别对构件 3 和构件 1 进行力分析,分别如图题 4.5(a) 解图(a_2)(a_3)所示,可得平衡矢量方程为

$$F_r + F_{N23} + F_{N43} = 0, \quad F_d + F_{N21} + F_{N41} = 0$$

$$F_{N23} = F_{N21}$$

故选择合适比例尺分别作力的封闭三角形,如题 4.5(a) 解图(a_4)所示。

可得机械增益为

$$\Delta = \frac{F_r}{F_d}$$

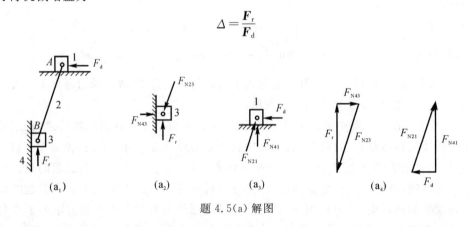

题 4.5(a) 解图

(2) 作机构运动简图,如题 4.5(b) 解图(b_1)所示。作图比例尺 $\mu = 0.5$ mm/mm。

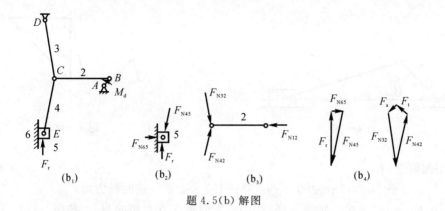

题 4.5(b) 解图

分别对构件 5 和构件 2 进行力分析如题 4.5(b) 解图 $(b_2)(b_3)$ 所示,可得平衡矢量方程为

$$\boldsymbol{F}_r + \boldsymbol{F}_{N45} + \boldsymbol{F}_{N65} = \boldsymbol{0}, \quad \boldsymbol{F}_{N12} + \boldsymbol{F}_{N32} + \boldsymbol{F}_{N42} = \boldsymbol{0}$$

其中,$F_{N42} = F_{N45}$。

将,F_{N12} 分解为垂直构件上的圆周力 F_t 和沿着构件 1 的径向力 F_n,并选取合适的比例尺作力的封闭三角形,如题 4.5(b) 解图 (b_4) 所示。

由题可知:$\boldsymbol{F}_r l_{AB} = M_d$ 则机械增益为

$$\Delta = \frac{F_r}{F_t} = \frac{F_r}{M_d} l_{AB}$$

(3) 作机构运动简图,如题 4.5(c) 解图 (c_1) 所示。作图比例尺 $\mu = 1$ mn/mm 在不计摩擦、构力及惯性力的前提下,受力分析如题 4.5(c) 解图 $(c_1)(c_3)$ 所示。

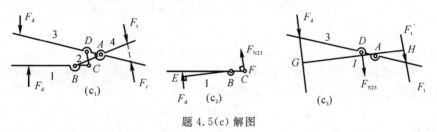

题 4.5(c) 解图

由 $\sum M_B = 0$ 得: $\qquad F_d l_{BE} = F_{N21} l_{BE}$。

由 $\sum M_A = 0$ 得: $\qquad F_d l_{AG} + F_{N23} l_{AI} = F_r^U l_{AH}$。

其中,$F_{N21} = F_{N23}$, $F_r' = F_r$。 则

$$\Delta = \frac{F_r}{F_d} = \frac{l_{AG} + \dfrac{l_{BE}}{l_{BF}} l_{AI}}{l_{AH}}$$

4.6 在题 4.6 图所示的曲柄滑块机构中。 设已知 $\iota_{AB} = 0.1$ m,$t_{BC} = 0.33$ m,$n_1 = 1\,500$ r/min(为常数)。 活塞及其附件的重量 $G_3 = 21$ N。 连杆重量 $G_2 = 25$ N,$J_{N2} = 0.042\,5$ kg·$l_{BS2} = l_{BC}/3$。试确定在图示位置时活塞的惯性力以及连杆的总惯性力。

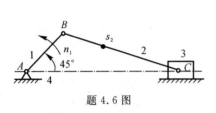

题 4.6 图

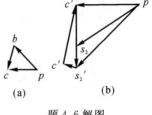

(a) (b)

题 4.6 解图

解:根据题意:有

$$\omega_1 = 2\pi n_1/60 = \pi n_1/30 = 157 \text{ rad/s} \quad (\text{逆时针方向})$$

$$v_B = \omega_1 l_{AB} = 157 \times 0.1 \text{ M/S} = 15.7 \text{ m/s}(\text{方向垂直 } AB,\text{指向与 } \omega_1 \text{ 转向一致})$$

(1) 速度分析。根据构件 2 上两点 B,C 可得

$$\boldsymbol{v}_c = \boldsymbol{v}_B + \boldsymbol{v}_{BC}$$

方向　　∥ AC　　⊥ AB　　⊥ BC

大小　　?　　　√　　　?

取 p 为速度图的极点,选择合适的比例尺批作速度图,如题 4.6 解图(a)所示。

由图解法得

$$v_{BC} = \mu_v \times \overline{bc} = 11 \text{ m/s}, \quad \text{则} \quad \omega_2 = \frac{v_{CB}}{l_{BC}} = \frac{11}{0.33} = 33.3 \text{ rad/s}$$

(2) 加速度分析。由 B,C 两点加速度关系得

$$\boldsymbol{a}_C = \boldsymbol{a}_B + \boldsymbol{a}_{CB}^n + \boldsymbol{a}_{BC}^t$$

方向 ∥ AC　　$B \rightarrow A$　　$C \rightarrow B$　　⊥ BC

大小 ?　　　√　　　?　　　√

其中,$a_R = \omega_1^2 l_{AB} = 2\ 464.9 \text{ m/s}^2$,　$a_{BC}^n = \omega_2^2 l_{BC} = 365.9 \text{ m/s}^2$.

取 p' 为加速度图的极点,选择合适的比例尺 μ_a 作加速度图,如题 4.6 解图(b)所示。

由图解法得

$$a_C = \mu_a \times \overline{p'c'} = 1\ 719.73 \text{ m/s}^2$$

(方向由 p' 指向 c')

$$a'_{S2} = \mu_a \times \overline{p's'_2} = 2\ 085.63 \text{ m/s}^2 \quad (\text{方各由 } p' \text{ 指向 } s'_2)$$

则活塞的惯性力为

$$F_3 = m_3 a_C = \frac{G_3}{g} a_C = \frac{21}{9.8} \times 1\ 719.73 = 3\ 685.1 \text{ N}(\text{方向与 } a_C \text{ 相反})$$

连杆的总惯性力为

$$F_2 = m_2 a'_{S2} = \frac{G_2}{g} a'_{S2} = \frac{25}{9.8} \times 2\ 085.63 = 5\ 320 \text{ N}(\text{方向与 } a_{S2} \text{ 相反}).$$

4.6　自我检测题

1. 填空题　　见附录 Ⅱ 应试题库：18 题 ～ 28 题。
2. 判断题　　见附录 Ⅱ 应试题库：9 题。
3. 选择题　　见附录 Ⅱ 应试题库：7 题 ～ 10 题。
4. 问答题　　见附录 Ⅱ 应试题库：8 题 ～ 13 题。

4.7　导教（教学建议）

一、教学重点

1. 机构力分析的任务、目的和方法

1）任务：确定运动副中的反力。运动副反力是运动副两元素接触处彼此作用的正压力和摩擦力的合力。

2）目的：确定机械上的平衡力或平衡力偶。机械在已知外力作用下，为了使该机构能按给定的运动规律运动，而必须加于机械上的未知外力称为平衡力。

3）方法：对于低速机械：不计惯性力，采用静力分析方法；对于高速及重型机械：一般采用动态静力分析法，即将惯性力视为一般外力加于产生该惯性力的构件；再按静力分析的方法进行分析。机械分析的方法有图解法和解析法两种。

2. 构件惯性力的确定

（1）一般力学方法：

1）作平面复合运动的构件：其惯性力系可简化为一个加在质心 E 的惯性力和一个惯性力偶矩。

2）作平面移动的构件：则其惯性力系可简化为一个加在质心上的惯性力。

3）绕定轴转动的构件：若其轴线不通过质心，则其惯性力系可简化为一个加在质心上的惯性力和一个惯性力偶矩；若其轴线通过质心，则其惯性力系可简化为一个加在质心上的惯性力。

（2）质量代换法。把构件的质量按一定条件用集中于构件上某个选定点的假想集中质量来代替，从而确定惯性力的方法称为质量代换法。

1）代换前后构件的质量不变；

2）代换前后构件的质心位置不变；

3）代换前后构件对质心轴的转动惯量不变。

3. 运动副中摩擦力的确定

（1）移动副中的摩擦：

1）摩擦力 F_f 的确定。当外载一定时，两运动副元素接触面间摩擦力的大小与运动副两元素的几何形状有关为了简化计算，不论运动副元素的几何形状如何，均将其摩擦力的计算公式表达为

$$F_f = f_v G$$

式中，f_v 为当量摩擦系数。对于单一平面摩擦 $f_v = f$；槽面摩擦 $f_v = f/\sin\theta$，θ 为槽面的槽形半角；圆柱面摩擦 $f_v = kf$，$k = 1 - \pi/2$，f 为摩擦系数。

2）总反力 F_o 的确定。把运动副中的法向反力 F_n 和摩擦力 F 的合力称为运动副中的总反力。对于构件 1，2 构成的移动副，其总反力 F 的方向可用以下方法确定：

a. 总反力与法向反力 F 偏斜一摩擦角 φ；

b. 总反力 F_{R21} 与法向反力 F_{N21} 偏斜的方向与构件 1 相对于构件 2 的相对速度 v_{12} 的方向相反。

对于斜面机构，正行程时 $F = G\tan(\alpha + \varphi)$；反行程时 $F = G\tan(\alpha - \varphi)$

（2）转动副中的摩擦：

1）轴颈摩擦。如图 4.5 所示，对于轴颈中的摩擦，其摩擦力矩为

$$M = f_v Gr = F_{R21} \cdot \rho$$

其中，摩擦圆半径 $\rho = f_v r$。

2）轴端摩擦。新轴端的摩擦力矩转动副中的总反力 F_{R21} 可用以下方法确定：

$$M_f = \frac{2}{3} f G \frac{(R^3 - r^3)}{(R^2 - r^2)}$$

$$M_f = \frac{1}{2} f G (R + r)$$

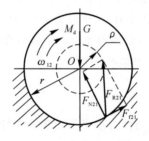

图 4.5　磨合轴端的摩擦力矩

a. 不计摩擦时根据力的平衡条件，$F_{R21} = -G$；

b. 计及摩擦时总反力和摩擦圆相切；

c. 总反力 F 旧对轴颈中心之矩的方向与轴颈 1 相对于轴承 2 的相对角速度 ω 的方向相反。

（3）平面高副中的摩擦。平面高副两元素之间的相对运动通常是滚动兼滑动，但一般只考虑滑动摩擦。其总反力方向的确定方法与移动副相同。

4. 不考虑摩擦时机构的力分析

（1）构件组的静定条件。对机构进行力分析时，应将机构分解为若干个构件组，然后逐个进行分析。在构件组中，若有 n 个构件，且共有 p_l 个低副和 p_h 个高副，则其静定条件为 $3n = 2p_l + p_h$。由此可见，基本杆组均满足静定条件。

（2）用图解法作机构的动态静力分析：

1）求出各构件的惯性力，并将惯性力视为加于构件上的外力；

2）根据静定条件将机构分解为若干个构件组和有平衡力作用的构件；

3）从离平衡力最远的构件开始，逐步对各构件组进行力的分析；

4）按选定的比例尺作图求解。

（3）用解析法作机构的动态静力分析。机构力分析的解析方法很多，其共同点都是根据力平衡条件列出各力之间的关系式后再求解。常用的方法有复数矢量法和矩阵法。

5.机械效率与自锁

（1）机械效率。通常将驱动力所作的功称为输入功，用符号 W_d 表示；克服生产阻力所作的功称为输出功，用符号 W_r 表示；克服有害阻力所作的功称为有害功或损耗功，用符号形 W_f 表示。输出功 W_r 与输入功形 W_d 的比值，反映了输入功在机械中的有效利用程度，称为机械效率，用 η 表示。机械效率可以用以下几种方法表达：

1）功的形式为

$$\eta = \frac{W_r}{W_d} = 1 - \frac{W_f}{W_d}$$

2）功率形式为

$$\eta = \frac{P_r}{P_d} = 1 - \frac{P_f}{P_d}$$

3）力或力矩形式

$$\eta = \frac{F_O}{F} = \frac{M_O}{M}$$

式中，F_O，M_O 分别为理想驱动力和理想驱动力矩；F 与 M 为实际驱动力和实际驱动力矩。

除了上述计算方法外，机械效率常用实验方法测定。各种机械都是由一些基本机构组合而成，这些基本机构的效率都已被实验测定。在已知这些基本机构的机械效率后，就可以按照下面的公式计算出整个机构的机械效率：

（2）自锁。由于摩擦的原因，无论驱动力如何增大都无法使机械产生运动的现象，称为自锁。机械的自锁可以按照以下几种方法判定：

1）按照自锁的定义来判定。根据自锁的概念，产生自锁是由于无论驱动力如何增大，摩擦力总是大于驱动力的有效分力。出现这种情况时将发生自锁。

2）按照机械效率进行判定。产生自锁时无论驱动力如何增大，摩擦力总是大于驱动力的有效分力，实际上就是驱动力所作的功小于克服摩擦力所需要的功，因此其效率，$\eta < 0$。这也是我们判断是否发生自锁的方法之一。

3）按照运动副的自锁条件来判定。移动副的自锁条件是驱动力的传动角小于摩擦角；转动副的自锁条件是驱动力作用于摩擦圆以内；螺旋副的自锁条件为螺纹升角小于当量摩擦角，即 $\alpha < \varphi_v$。

4）生产阻力 $Q \leqslant 0$。

二、教学难点

本章难点为平面机构运动副中总反力方向线的确定以及具体机械自锁条件的判定。

运动副中的总反力方向线可以按照以下方法进行判定：

（1）确定运动副的种类以及两构件间的相对运动关系；

（2）判定方向。如果两运动副为移动副，则总反力方向与相对速度方向成 $90° +$ 摩擦角；如果两构件组成转动副，则总反力的方向与摩擦圆相切，且对转动中心的力矩方向与相对转动角速度方向相反并且与径向载荷 Q 大小相等，方向相反；

（3）如果构件为二力杆，则这两个力大小相等，方向相反；如果构件受三个力，则这三个力应汇交于一点。

关于具体机械的自锁条件判定，可以根据给定机械的具体情况，按照前面介绍的判断方法，选择一种合适的方法进行判定。

三、例题精选

例 4.1 如图 4.6 所示，一楔形滑块沿倾斜的 v 形导路滑动。已知：$\alpha = 35°$，$\theta = 60°$，$f = 0.13$，载荷 $Q = 1\ 000$ N。试求 ① 滑块等速上升时，所需要的力 P 有多大？② 该斜面机构以 Q 为主动力时能否自锁？

分析：根据已知摩擦系数解出当量摩擦角，按照斜槽面摩擦的公式可以解出滑块等速上升时，所需要的力 P；以 Q 为主动力时，滑块将等速下滑，此时 P 变为阻力.这一过程是前述过程的"反行程"。令阻力 $P < 0$，即可得到该过程的自锁条件。

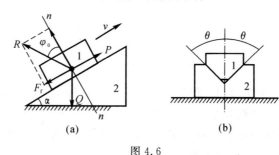

图 4.6

解 （1）滑块等速上升时所需要的力 P。v 形接触面的当量摩擦角为

$$\varphi_v = \arctan f_v = \arctan \frac{f}{\sin\theta} = \arctan \frac{0.13}{\sin 60°} = 8.53°$$

此时滑块在总反力 R，驱动力 P 与载荷 Q 三个力的作用下保持平衡，其中总反力的方向与相对运动方向成 $90° + \varphi_v$ 角。则有

$$P + Q + R = 0$$

作出力的三角形，根据该三角形可以解出：

$$P = Q \frac{\sin(\alpha + \varphi_v)}{\sin(90° - \varphi_v)} = 1\ 000 \times \frac{\sin(35° - 8.53°)}{\sin(90° - 8.53°)} = 696.4\ \text{N}$$

（2）自锁条件。由于滑块等速下滑的过程是前述过程的"反行程"，因此将前述行程 P 与 Q 的关系式中 φ_v 反号，即可得到反行程的阻力 P' 为

$$P' = Q \frac{\sin(\alpha - \varphi_v)}{\sin(90° + \varphi_v)} = Q \frac{\sin(\alpha - \varphi_v)}{\cos\varphi_v}$$

令阻力 $P' < 0$，即可得到该过程的自锁条件。由上式可知，由于 $\alpha > \varphi_v$，因此 P' 不可能为负值，因此以 Q 为主动力时该机构不能自锁。

例 4.2 破碎机原理简图如图 4.7(a) 所示。设要破碎的料块为球形，其重量可以忽略不计。料块与颚板之间的摩擦因数为 f。求料块被夹紧（不会向上滑脱）时颚板夹角 α 应为多大？

分析：求料块被夹紧时的颚板夹角 α，实际上就是要找出颚板能使球状块料发生自锁时的最大夹角 α。当推动力 R 在料块沿底板移动方向上的有效分力小于推动时产生的极限摩擦力时，料块将出现自锁。

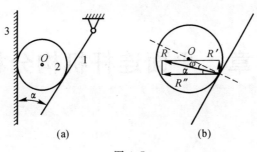

图 4.7

解　把推动力 R 分解为垂直于底板的分力 R'' 与沿着底板的分力 R'。前者使料块对底板产生正压力生正压力,进而产生摩擦力;后者为推动料块沿底板向上移动的有效分力。

由图 4.7(b) 所示的几何关系可知,有效推力为

$$R' = R\sin(\alpha - \varphi)$$

由正压力 R'' 产生的极限摩擦力为

$$F = R''f = R\cos(\alpha - \varphi)\tan\varphi$$

在自锁时,有

$$R' \leqslant F, \quad 即 \quad R\sin(\alpha - \varphi) \leqslant R\cos(\alpha - \varphi)\tan\varphi$$

解得

$$\tan(\alpha - \varphi) \leqslant \tan\varphi$$

由此得自锁条件为:$\alpha \leqslant 2\varphi$。

提示:本题目还有其他多种解法,可以尝试一下。

第5章 平面连杆机构分析和设计

5.1 本章学习要求

（1）了解平面连杆机构的概念及主要优缺点。

（2）掌握四杆机构的基本形式——铰链四杆机构的组成、特点。

（3）掌握四杆机构的分类及各类的特点、应用实例。

（4）了解平面四杆机构的演化途径及一些应用实例。

（5）掌握铰链四杆机构有曲柄的条件。理解压力角、传动角、死点、行程速比系数及急回特性等概念。

（6）了解平面四杆机构设计的任务及方法。

（7）会用图解法设计平面四杆机构。学会根据预定的运动规律设计平面四杆机构。

（8）了解用解析法设计平面四杆机构设计的方法及步骤。

5.2 本章学习重点和难点

本章篇幅多，内容繁杂，基本概念很多，是难学的章节，应予高度重视。

本章重点：

（1）平面连杆机构的基本型式及演化；

（2）铰链四杆机构曲柄存在条件；

（3）铰链四杆机构的运动特性；

（4）铰链四杆机构的传力特性；

（5）用图解法设计设计铰链四杆机构的设计。

本章难点是曲柄存在条件的应用和铰链四杆机构的设计。

5.3 本章学习方法指导

1. 连杆机构主要优缺点

平面连杆机构由于具有诸多优点（四条）而广泛应用于各种机构和仪表中，例如钢窗上的导杆机构，打火机上的铰链四杆机构，缝纫讯脚踏上的曲柄摇杆机构（摇杆为原动件），缝纫机头针杆上下的曲柄滑块机构，绘图桌上安装水平和垂直尺的平行四杆机构，雨伞上的摆杆滑块机构。但也因有一些缺点（二条）而在应用上受到限制。

2. 平面连杆机构以及平面四杆机构的最基本形式

把刚性构件全部用低副（回转副和移动副）联接而成的机构称为平面连杆机构，若仅由四个构件组成,称为平面四杆机构。它是平面连杆机构的最常见的形式,同时也是组成多杆(于四杆)机构的基础。如果该机构中的四个构件全都是通过低中的回转副铰链联接而成则称为铰链四杆机构(见图5.1)。它是由机架 AD,连架杆 AB,CD 和连杆 BC 组成。根据机构中是否有曲柄,有多少曲柄、又可将其分成三种基本机构形式 —— 曲柄摇杆、双曲柄和双摇杆。

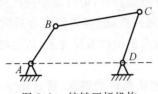

图 5.1　铰链四杆机构

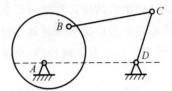

图 5.2　偏心轮机构

另外,可通过其中的曲柄摇杆机构的演化而得其他类型的四杆机构。所以,铰链四杆机构是平面四杆机构的最基本形式。

一般的平面连杆机构可以看做由铰链四杆机构通过以下几种方法演化得到:

(1)扩大转动副。通过扩大转动副的方法,可以得到新的四杆机构类型。例如,图5.2所示的偏心轮机块机构就是由图5.1所示铰链四杆机构通过曲柄与机架间转动副的方法得到的。

(2)变转动副为移动副。将图5.1所示的摇杆 CD 的长度增大,则 C 点的轨迹将逐渐趋于平直。极限情况下,将 CD 的长度变为无限长,则 C 点的轨迹成为一条直线,转动副 D 变为移动副,将得到曲柄滑块机构。曲柄滑块机构中,如果移动副的导路通过曲柄的回转中心,称为对心曲柄滑块机构,如图5.3所示;如果移动副的导路不通过曲柄的回转中心,称为偏置曲柄滑块机构,如图5.4所示。移动副导路与曲柄回转中心间的直线距离称为偏距,通常用符号 e 表示。

图 5.3　对心曲柄滑块机构

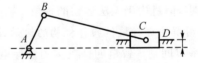

图 5.4　偏置曲柄滑块机构

(3)变换不同构件为机架。　变换不同构件为机架,也可以得到新的平面四杆机构。例如将图5.1所示的曲柄摇杆机构变换为不同构件的机架,就可以分别得到双曲柄机构和双摇杆机构。

3.铰链四杆机构曲柄存在条件

曲柄摇杆机构:设铰链四杆机构中最长杆长度为 $l_{\max}$,最短杆长度为 $l_{\min}$,两根中间杆长度分别为 l_x 和 l_y,则铰链四杆机构的曲柄存在条件为:

(1)机架或连架杆为最短杆。

(2)最短杆与最长杆长度之和小于等于其余两杆长度之和,即 $l_{\min}+l_{\max} \leqslant l_x+l_y$,这一条件又称为杆长条件。

如果满足上述条件,则铰链四杆机构中一定有曲柄存在。此时,如果机架为最短杆则机构为双曲柄机构;如果连架杆为最短杆,则机构为曲柄摇杆机构。

若不满足上述条件,则不论各杆的长度如何,一定为双摇杆机构。

4.机构的特性

(1)急回特性。 机构是否具有急回特性,要具体情况具体分析。一个对心曲柄滑块机构,因极位夹角 $\theta=0$,机构没有急回特性,但一个偏置曲柄滑块机构,因极位夹角 $\theta\neq0$,机构有急回特性。摆动导杆机构的摆角与其极位夹角相等,它有急回特性,但转动导杆机构就没有急回特性。虽然对心曲柄滑块机构和转动导杆机构均无急回特性,但当它们组合后就可以有急回特性。因此,机构是否具有急回特性,要从概念出发,找出机构的极位夹角,从而确定机构是否有急回特性。

为了衡量连杆机构急回的快慢程度,引入了行程速比系数的概念,通常用字母 K 表示。其定义为:$K=\dfrac{180°+\theta}{180°-\theta}$。$K$ 值越大,表明急回特性越明显;如果 $K=0$,说明该机构没有急回特性。

(2)机构的最小传动角。机构中的传动角是变化的,为了保证最小传动角大于许用值,需要确定最小传动角的位置。曲柄摇杆机构的最小传动角出现在曲柄与机架共线的两位置;曲柄滑块机构的最小传动角出现在曲柄与导路垂直的位置;导杆机构在任何位置最小传动角都等于 $90°$。

(3)机构的死点。在铰链四杆机构中,如果作用在从动件上力的方向与速度方向垂直,将不能推动从动件继续运动,这种位置称为死点位置。

在曲柄摇杆机构或曲柄滑块机构中,若以曲柄为主动件,则不存在死点。只有以摇杆或滑块为主动件时,曲柄与连杆共线的位置才是死点。要注意"死点"、"自锁"与机构自由度小于、等于零的区别。自由度小于、等于零表明运动链中各构件间不可作相对运动。死点是指不计摩擦时机构所处的特殊位置,利用惯性或其他办法,机构可以通过死点位置,正常运动。而自锁是指机构在考虑摩擦的情况下,当驱动力的作用方向满足一定的几何条件时,虽然机构的自由度大于零,但机构仍无法运动的现象。

5.用图解法进行铰链四杆机构的运动设计

(1)基本问题。铰链四杆机构的设计就是根据给定的几何条件和运动条件,选择合适的结构型式和各构件的参数。一般来说,铰链四杆机构的设计可以归纳为以下两类基本问题。

1)实现给定的运动规律,即在主动件运动规律已知的条件下,使输出构件按照预定的运动规律运动;

2)实现已知的轨迹,使输出构件上的某一点通过一系列的预定点,或者输出构件能够依次占据一系列预定的位置。

铰链四杆机构的设计方法有图解法、解析法和试验法等几种。其中,图解法的优点是简单易懂,但求解精度稍差;解析法的精度较高,缺点是求解过程比较繁琐。3种方法中图解法是掌握的重点。

(2)图解法。根据已知条件的不同,图解法包括按照给定连杆位置设计四杆机构、按照给定连架杆位置设计四杆机构和按照行程速比系数设计四杆机构3种基本情况。

1)按照给定连杆位置设计四杆机构。这里我们采用如下约定:机架上两固定铰链中心用字母 A,D 表示,两个活动铰链中心用字母 B,C 表示,即 BC 杆为连杆。在给定了连杆位置的已知条件下,设计的关键就是找到两个固定铰链中心 A 点和 D 点的位置。如果活动铰链中心 B

点和 C 点的一系列位置已经给定,求解方法是作 B 点各个位置连线 B_iB_j 的垂直平分线和 C 点各个位置连线 C_iC_j 的垂直平分线,其交点就是固定铰链中心 A 点和 D 点的位置,如图 5.5 所示。

2)按照给定连架杆位置设计四杆机构。已知曲柄 AB 和机架 AD 的长度,曲柄 AB 的几个位置和构件 CD 上某一直线 DE 的对应位置。具体设计方法是:首先确定两固定铰链中心 A,D 的位置及两个构件的给定位置 AB_1,AB_2,AB_3 和 DE_1,DE_2,DE_3,连接 DB_2,E_2B_2,DB_3,E_3B_3,再作 $\triangle DB_2'E_1 \approx \triangle DB_2'E_2$,$\triangle DB_3'E_1 \approx \triangle DB_3E_3$,可以得到点 B_2' 和点 B_3'。分别作直线 B_1B_2' 和 $B_2'B_3'$ 的垂直平分线,其交点就是活动铰链中心 C 的一个位置,如图 5.6 所示。

由以上过程可知,给定 AB 和 DE 的三组对应位置,设计有惟一的解;如果只给定两组对应位置,有无穷多解,在设计时要根据其他辅助条件来确定合适的解。

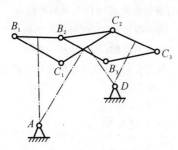

图 5.5　固定铰链中心位置

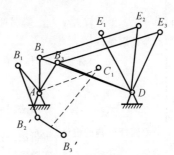

图 5.6　活动铰链中心位置

3)按照行程速比系数设计四杆机构。按照行程速比系数设计四杆机构是较易出现的题目。这类设计题目的关键是要明确曲柄摇杆机构、曲柄滑块机构等常见机构极位夹角的几何位置,如曲柄摇杆机构出现极位夹角时为曲柄两次与连杆共线等。求解时首先根据行程速比系数解出极位夹角 θ,然后结合待设计机构在出现极位夹角时几何位置上的特点进行设计。

6.本章重点知识结构

本章重点知识结构见表 5.1。

表 5.1　本章重点知识结构

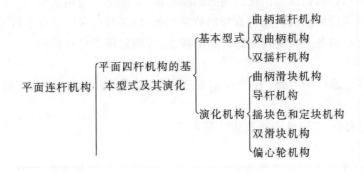

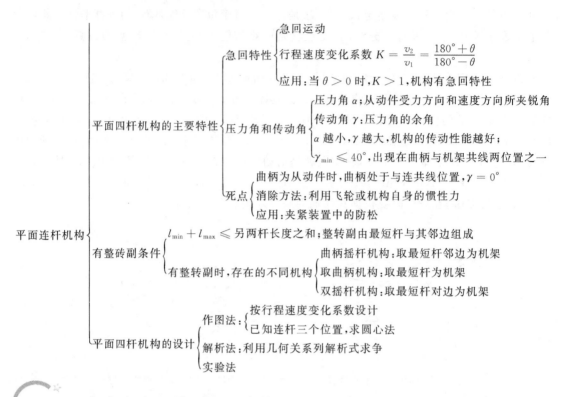

平面连杆机构
- 平面四杆机构的主要特性
  - 急回特性
    - 急回运动
    - 行程速度变化系数 $K = \dfrac{v_2}{v_1} = \dfrac{180° + \theta}{180° - \theta}$
    - 应用:当 $\theta > 0$ 时,$K > 1$,机构有急回特性
  - 压力角和传动角
    - 压力角 α:从动件受力方向和速度方向所夹锐角
    - 传动角 γ:压力角的余角
    - α 越小,γ 越大,机构的传动性能越好;
    - $\gamma_{min} \leqslant 40°$,出现在曲柄与机架共线两位置之一
  - 死点
    - 曲柄为从动件时,曲柄处于与连线共线位置,$\gamma = 0°$
    - 消除方法:利用飞轮或机构自身的惯性力
    - 应用:夹紧装置中的防松
- 有整砖副条件
  - $l_{min} + l_{max} \leqslant$ 另两杆长度之和;整转副由最短杆与其邻边组成
  - 有整转副时,存在的不同机构
    - 曲柄摇杆机构:取最短杆邻边为机架
    - 取曲柄机构:取最短杆为机架
    - 双摇杆机构:取最短杆对边为机架
- 平面四杆机构的设计
  - 作图法
    - 按行程速度变化系数设计
    - 已知连杆三个位置,求圆心法
  - 解析法:利用几何关系列解析式求争
  - 实验法

5.4 本章考点及典型例题解析

1.本章的考点

本章的考点包括以下几点:四杆机构的基本特性;四杆机构中周转副存在的判断;四杆机构的设计。试题有基本的概念题(一般以填空、选择、判断及回答题形式出现)、计算题、作图题等,题型形式丰富。本章是重点考查内容,在试卷中一般能占 5%~15% 的量。

本章涉及的试题主要包括:

(1)绘制各种四杆机构及其演化机构的运动简图,并能举出应用实例。

(2)通过已知条件判断机构是否有急回特性和死点,求行程速度变化系数。

(3)根据四杆机构各杆长度判断整转副的存在,并确定属于何种机构。

2 典型例题解析

例题 5.1(填充题) 平面连杆机构的概念是_____的平面机构;铰链四杆机构概念是_____。

例题 5.2(填充题) 铰链四杆机构的基本型式有_____3 种。这 3 种基本型式可以通过_____等方法互相转换。

例题 5.3(填充题) 为了衡量_____,引入了行程速比系数的概念,它的定义为_____;其数值越大,说明_____;如果一个机构的行程速比系数为零,说明该机构_____。

例题 5.4(填充题) 引入最小传动角的概念,目的是_____。

例题 5.5(判断题) 机构是否存在死点位置与机构取哪个构件为原动件无关。   (   )

例题 5.6（判断题）　压力角就是主动件所受驱动力的方向线与该点速度的方向线之间的夹角。　　　　　　　　　　　　　　　　　　　　　　　　　（　　　）

例题 5.7（判断题）　机构的极位夹角是衡量机构急回特性的重要指标。极位夹角越大，机构的急回特性越明显。　　　　　　　　　　　　　　　　　（　　　）

例题 5.8（判断题）　曲柄摇杆机构中，曲柄和连杆共线就是"死点"位置。　（　　　）

例题 5.9（判断题）　导杆机构中导杆的往复运动有急回特性。　　　（　　　）

例题 5.10（选择题）　设计连杆机构时，为了具有良好的传动条件，应使（　　　）。

A.传动角大一些，压力角小一些　　　　　　　B.传动角和压力角都小一些

C.传动角和压力角都大一些

例题 5.11（选择题）　曲柄摇杆机构的传动角是（　　　）。

A.连杆与从动摇杆之间所夹的余角　　　　　　B.连杆与从动摇杆之间所夹的锐角

C.机构极位夹角的余角

例题 5.12（选择题）　铰链四杆机构的最短杆与最长杆的长度之和大于其余两杆的长度之和时，机构（　　　）。

A.有曲柄存在　　　　　　B.不存在曲柄

例题 5.13（选择题）　当急回特性系数为（　　　）时，曲柄摇杆机构才有急回运动。

A.$K<1$　　　　　　　　　B.$K=1$　　　　　　　　　　C.$K>1$

例题 5.14（选择题）　曲柄滑块机构是由（　　　）演化而来的。

A.曲柄摇杆机构　　　　　　B.双曲柄机构　　　　　　　C.双摇杆机构

例题 5.15（选择题）　（　　　）能把转动运动转变成往复摆动运动；（　　　）能把转动运动转换成往复直线运动，也可以把往复直线运动转换成转动运动。

A.曲柄摇杆机构　　　　　　B.双曲柄机构　　　　　　　C.双摇杆机构

D.曲柄滑块机构　　　　　　E.摆动导杆机构

例题 5.16（选择题）　曲柄摇杆机构的传动角是（　　　）。

A.连杆与从动摇杆之间所夹的余角　　B.连杆与从动摇杆之间所夹的锐角

C.机构极位夹角的余角

例题 5.17（选择题）　曲柄摇杆机构中，与电机等速回转的构件一定是（　　　）。

A.曲柄　　　　　B.连杆　　　　　C.摇杆　　　　　　D.机架

例题 5.18（问答题）　连杆机构是由一些构件用低副联接组成的机构，故又称低副机构。根据连杆机构中各构件的相对运动是平面连杆机构是由一些构件用低副联接组成的机构，故又称低副机构。根据连杆机构中各构件的相对运动是平面平面连杆机构和铰链四杆机构有什么不同？

例题 5.19（问答题）　铰链四杆机构曲柄存在的条件是什么？

例题 5.20（问答题）　铰链四杆机构有哪几种基本形式？

例题 5.21（问答题）　什么叫铰链四杆机构的传动角和压力角？它们对机构传力性能有何影响？

例题 5.22（问答题）　曲柄摇杆机构中，当以曲柄为原动件时，机构是否一定存在急回运动，且一定无死点？为什么？

例题 5.23（回答题）　曲四杆机构中的极位和死点有何异同？

例题 5.24(计算题)　在例题 5.24 图所示的铰链四杆机构中,已知各杆长度为 $l_{AB}=20\ \text{mm}, l_{BC}=60\ \text{mm}, l_{CD}=85\ \text{mm}, > l_{AD}=50\ \text{mm}$。

(1)试确定该机构是否有曲柄;

(2)判断此机构是否存在急回特性,若存在,试确定其极位夹角,并估算行程速比系数;

(3)若以构件 AB 为主动件,画出机构的最小传动角和最大传动角的位置;

(4)在什么情况下机构存在死点位置?

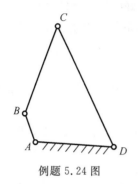 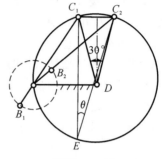

例题 5.24 图　　　　　　　　　例题 5.25 图

例题 5.25(计算题)　设计一曲柄摇杆机构。已知摇杆长度为 $100\ \text{mm}$,摆角 $\psi=30°$,摇杆的行程速度变化系数 $K=1.2$。(1)用图解法确定其余三杆的尺寸;(2)用主教材中公式确定机构最小传动角 $\gamma_{\min}$(若 $\gamma_{\min}<35$,则应另选铰链 A 的位置,重新设计)。

3.典型例题的参考解答

例题 5.1【将各构件用转动副或移动副联接而成的平面机构；构件间用四个转动副相连的平面四杆机构】

例题 5.2【曲柄摇杆机构、双摇杆机构、双曲柄机构变转动副为移动副；变换不同构件为机架】

例题 5.3【机构的急回运动的相对程度：从动件往复摆动时快速行程(回程)与慢速行程(推程)平均角速度的比值；其急回特性性质越显著；没有急回特性】。

例题 5.4【为了保证最小传动角大于许用值，保证机构正常工作；与机架的共线】。

例题 5.5【(×)】　　例题 5.6【(×)】　　例题 5.7【(√)】　　例题 5.8【(×)】

例题 5.9【(√)】　　例题 5.10【(A)】　　题 5.11【(B)】　　例题 5.12【(B)】

例题 5.13【(C)】　　例题 5.14【(A)】　　题 5.15【(A)】　　例题 5.16【(B)】

例题 5.17【(A)】

例题 5.18 答:连杆机构是由一些构件用低副联接组成的机构,故又称低副机构。根据连杆机构中各构件的相对运动是平面运动还是空间运动,连杆机构又可以分为平面连杆机构和空间连杆机构。

全部用回转副连接的平面四杆机构称为平面铰链四杆机构,简称铰链四杆机构,它是平面连杆机构的基本形式。

例题 5.19 答:在铰链四杆机构中,能作整周转动的连架杆为曲柄。而曲柄是否存在则取决于机构中各杆的长度关系,即欲使曲柄能作整周转动,各杆长度必须满足一定的条件,即所谓的曲柄存在条件。铰链四杆机构中是否存在曲柄,取决于各构件长度之间的关系。分析表

明,连架杆成为由柄必须满足下列两条件:

(1)最长杆与最短杆长度之和小于或等于其余两杆长度之和(简称杆长和条件);

(2)连架杆与机架两者之一为最短杆(简称最短杆条件)。

例题 5.20 答:对于铰链四杆机构来说,机架和连杆总是存在的,因此可按照连架杆是曲柄还是摇杆将铰链四杆机构分为三种基本形式:曲柄摇杆机构、双曲柄机构和双摇杆机构。

例题 5.21 答:主动件作用在从动件上力的方向和从动件受力点的速度方向之间所夹锐角,称为机构的压力角 α。压力角 α 越小,有效分力 F_t 越大,而 F_n 越小,对机构越有利。

为了度量的方便,引入了传动角 γ 的概念。令

$$\gamma = 90° - \alpha$$

式中,γ 为压力角的余角,称为传动角。显然,压力角 α 越小,或者传动角 γ 越大,使从动杆运动的有效分力就越大,对机构传动越有利。α 和 γ 是反映机构传动性能的重要指标,由于 γ 角便于观察和测量,工程上常以 γ 角来衡量连杆机构的传动性能

例题 5.22 答:当机构存在极位夹角时,机构才具有急回特性。同理,在曲柄摇杆机构中,当以曲柄为原动件且极位夹角不为零时,机构便具有急回特性,此时机构的最小传动角不为零,故该机构一定无死点。

例题 5.23 答:在四杆机构中,极位和死点是机构的同一位置,即曲柄与连杆共线的位置;不同的是机构的原动件不同。机构中曲柄为原动件时出现极位,摇杆为原动件时出现死点。

例题 5.24 解:(1)机构中有否曲柄可以检查杆长条件。因为

$$l_{AB} + l_{CD} = 20 + 85 = 105 \text{ mm} < l_{BC} + l_{AD} = 60 + 50 = 110 \text{ mm}$$

且连架杆 AB 为最短杆,故该机构有曲柄,AB 杆就是曲柄,该机构是曲柄摇杆机构。

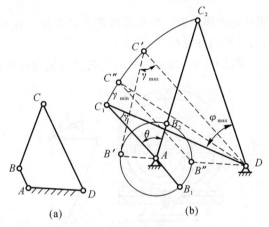

例题 5.24 解图

(2)机构急回特性分析关键是确定机构的极位夹角。取比例尺 $\mu = 1 \text{ mm/mm}$,作摇杆 CD 处在 2 个极限位置时的机构位置图 AB_1C_1D 和 AB_2C_2D,如例题 5.24 解图(b)所示。图中 $\angle C_1AC_2 = \theta$ 为极位夹角,由图中量得 $\theta = 59°$,故该机构有急回特性,可求得

$$K = (180° + \theta)(180° - \theta) = (180° + 59°)/(180° - 59°) = 1.98$$

(3)若以曲柄 AB 为主动件,则机构在曲柄 AB 与机架 AD 共线时的 2 个位置存在最小传动角和最大传动角。用作图法作出这 2 个位置 $AB'C'D$ 与 $AB''C''D$,由图可得

$$\gamma_{max} = \angle B'C'D' = 55°, \qquad \gamma_{min} = \angle B''C''D = 15°$$

（4）当以曲柄 AB 为主动件时，机构无死点位置；若以摇杆 CD 为主动件时，则从动件 AB 与连杆 BC 共线的 2 个位置 AB_1C_1D 和 AB_2C_2D 为机构的死点位置。

例题 5.25 解：因为本题属于设计题，只要步骤正确，答案不唯一。这里给出基本的作图步骤，不给出具体数值答案。作图步骤如下：

（1）求 $\theta，\theta = 180° \dfrac{K-1}{K+1} = 180° \times \dfrac{1.2-1}{1.2+1} \approx 16.36°$；并确定比例尺 μ_l。

（2）作 $\angle C_1DC_2 = 30°，C_1D = C_2D = 100 \text{ mm}$（即摇杆的两极限位置）。

（3）以 C_1C_2 为底作 $\text{Rt}\triangle C_1C_2E$，$\angle E = \theta = 16.36°$，$\angle C_2C_1E = 90°$。

（4）作 $\triangle AC_1C_2E$ 的外接圆，在圆上取点 A 即可。

在图上量取 $AC_1，AC_2$ 和机架长度 $l_4（l_4 = l_{AD}）$，则曲柄长度 $l_1 = (C_1 - AC_2)/2$，摇杆长度 $l_2 = (AC_1 + AC_2)/2$。在得到具体各杆数据之后，代入教材中用主教材中公式，求最小传动角 γ_{min}，能满足 $\gamma_{min} \geqslant 35°$ 即可。

5.5 复习题与习题解析

5.8 曲柄摇杆机构中，当以曲柄为原动件时，机构是否一定存在急回运动，且一定无死点？为什么？

答：当机构存在极位夹角时，机构才具有急回特性。同理，在曲柄摇杆机构中，当以曲柄为原动件且极位夹角不为零时，机构便具有急回特性，此时机构的最小传动角不为零，故该机构一定无死点。

5.9 题 5.9 图（a）所示为由四个四杆机构组成的转动翼板式容积泵。试绘出两种泵的机构运动简图，并说明它们为何种四杆机构，为什么？

答：运动简图如题 5.9 图（b）所示，分别为对应的题图的运动简图。

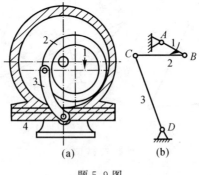

题 5.9 图

5.11 四杆机构中的极位和死点有何异同？

答：：在四杆机构中，极位和死点是机构的同一位置，即曲柄与连杆共线的位置；不同的是机构的原动件不同。机构中曲柄为原动件时出现极位，摇杆为原动件时出现死点。

5.16 题 5.16 图（a）为由四个四杆机构组成的转动翼板式容积泵。试绘出泵的机构运动简图，并说明为何种四杆机构，为什么？

解:运动简图如图 5.16 所示。

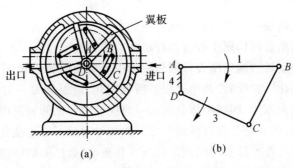

题 5.16 图

5.17　题 5.17 图所示为一偏置曲柄滑块机构。试求杆 AB 为曲柄的条件。若偏距 $e=0$,则杆 AB 为曲柄的条件是什么?

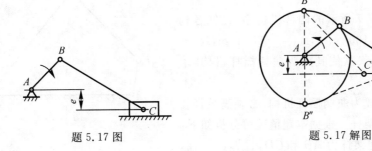

题 5.17 图　　　　　　　　　　题 5.17 解图

解:如题 5.17 解图所示,当偏距不为零,即 $e\neq0$ 时,AB 杆能绕 A 点整周转动,因此在 B' 时要满足:$AB+e\leqslant BC$;在 B'' 时满足:$AB-e\leqslant BC$。

综上,偏置滑块机构,当 $e\neq0$ 时,曲柄存在的条件:$AB+e\leqslant BC$。

偏距为零,即 $e=0$ 时,杆 AB 为曲柄的条件。

5.6　自我检测题

1.填空题　见附录Ⅱ应试题库:1.填空题 5(3)～5(27)题。

2.判断题　见附录Ⅱ应试题库:2.判断题中 5(10)～5(19)题。

3.选择题　见附录Ⅱ应试题库:11 题～18 题。

4.问答题　见附录Ⅱ应试题库 14 题～21 题。

5.7　导教(教学建议)

一、教学重点

教学重点见 5.3 节。

二、教学难点

(1)难点之一是判断铰链四杆机构曲柄存在的条件。

(2)难点之二是判断各机构属于铰链四杆机构的哪种类型。

(3)难点之三是用反转法确定所设计四杆机构中活动铰链的位置。

反转法包含着"刚化"和"反转"两个过程。所谓刚化,就是把每一对应位置时各构件之间相对位置固定起来,视为刚体,即该刚体是由每一对应位置的已知铰链中心间的连线和预定的标线所组成。刚化的目的就是要保持各构件之间的相对运动不发生变化。所谓反转就是搬动(或转动)这些刚体,使之各个位置时的预定标线互相重合,而已知的铰链中心就相应变成了一系列铰链中心. 则这些铰链中心所在圆的圆心,就是所要求的活动铰链中心。之所以要反转就是要将活动铰链中心的问题转化成求固定铰链中心的问题。

用反转法可以很方便地求解四杆机构中两位置或三位置的设计问题。

三、例题精选

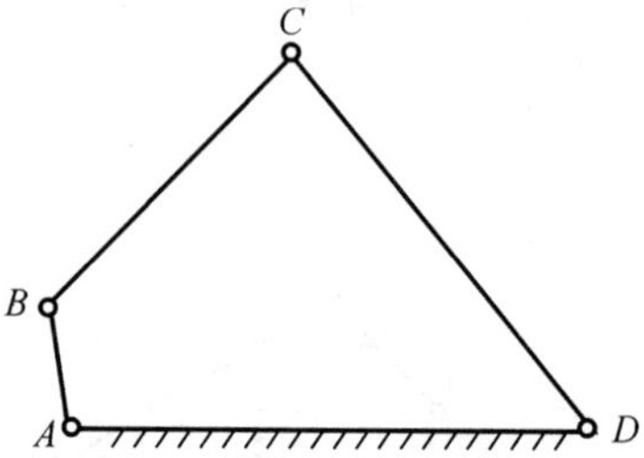

例 5.1 在图 5.7 所示的四杆机构中,已知各构件的长度为 $l_{AB} = 100$ mm,$l_{CD} = 450$ mm,$l_{AD} = 500$ mm,AD 为机架。欲使其成为曲柄摇杆机构,求 l_{bc} 的取值范围。

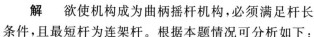

图 5.7

解 欲使机构成为曲柄摇杆机构,必须满足杆长条件,且最短杆为连架杆。根据本题情况可分析如下:

(1)由题意知,连架杆为 AB 和 CD,且 $l_{AB} < l_{CD}$,故连杆 BC 的长度受到限制,所以应该 $l_{BC} \geqslant l_{AB} = 100$ mm,以使连架杆 AB 为最短杆。

(2)当连架杆 AB 为最短杆时,仍有两种情况可发生:

当机架 AD 为最长杆,即 $l_{BC} < l_{AD}$ 时,杆长条件为

$$l_{AB} + l_{AD} \leqslant l_{BC} + l_{CD}$$

可得

$$l_{BC} \geqslant l_{AB} + l_{AD} - l_{CD} = 100 + 500 - 450 = 150 \text{ mm}$$

连杆 BC 为最长杆,即 $l_{BC} > l_{AD}$ 时,杆长条件为

$$l_{AB} + l_{BC} \leqslant l_{AD} + l_{CD}$$

可得

$$l_{BC} \leqslant l_{AD} + l_{CD} - l_{AB} = 500 + 450 - 100 = 850 \text{ mm}$$

综合以上情况,欲使该机构成为曲柄摇杆机构,连杆 BC 的取值范围为

$$150 \text{ mm} \leqslant l_{BC} \leqslant 850 \text{ mm}$$

需要指出的是,由于本题中机架 AD 的长度 $l_{AD} = 500$ mm 已经确定,不可能成为最短杆,故该机构就不可能成为双曲柄机构;当 l_{BC} 不在上述取值范围时,该机构必为双摇杆机构。

例 5.2 在图 5.8 所示铰链四杆机构中,已知各杆长度 $l_{AB} = 42$ mm,$l_{BC} = 78$ mm,$l_{CD} = 75$ mm,$l_{AD} = 108$ mm,要求:

(1)试确定该机构为何种机构;

(2)若以构件 AB 为原动件,试用作图法求出摇杆 CD 的最大摆角 φ,此机构的极位夹角 θ,

并确定行程速比系数 K；

（3）若以构件 AB 为原动件，试用作图法求出该机构的最小传动角 γ_{min}；

（4）试分析此机构有无死点位置。

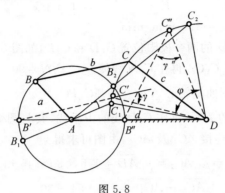

图 5.8

解 （1）由已知条件知最短杆为 AB 连架杆，最长杆为 AD 杆，则有

$$l_{AB} + l_{AD} = 42 + 108 = 150 \text{ mm} < l_{BC} + l_{CD} = 78 + 75 = 153 \text{ mm}$$

故 AB 杆为曲柄，此机构为曲柄摇杆机构。

（2）当原动件曲柄 AB 与连杆 BC 两次共线时，摇杆 CD 处于两极限位置。适当选取长度比例尺 μ_l，作出摇杆 CD 分别处于两极限位置时的机构位置图 AB_1C_1D 和 AB_2C_2D，由图中量得 $\varphi = 70°$，$\theta = 16°$，可求得

$$K = \frac{180 + \theta}{180 - \theta} = \frac{180 + 16}{180 - 16} \approx 1.19$$

（3）当原动件曲柄 AB 与机架 AD 两次共线时，是最小传动角 γ_{min} 可能出现的位置。用作图法作出机构的这两个位置 $AB'C'D$ 与 $AB''C''D$，由图量得 $\gamma' = 27°$，$\gamma'' = 50°$，故

$$\gamma_{min} = \gamma' = 27°$$

（4）若以曲柄 AB 为原动件，机构不存在连杆 BC 与从动件摇杆 CD 共线的两个位置，即不存在 $\gamma = 0°$ 的位置，故机构无死点位置。若以摇杆 CD 为原动，机构存在连杆 BC 与从动件曲柄 AB 共线的两位置，即存在 $\gamma = 0°$ 的位置。故机构存在两个死点位置。

例 5.3 图 5.9(a) 所示为一曲柄摇杆机构 $ABCD$。已知摇杆 CD 长 $l_{CD} = 60 \text{ mm}$，其摆角 $\psi = 50°$，行程速比系数 $K = 1.5$，试设计该机构，并满足机架长度 l_{AD} 等于连杆长度 l_{BC} 与曲柄长度 l_{AB} 之差。

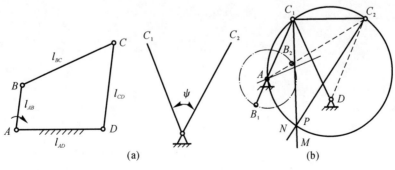

(a)   (b)

图 5.9

解　本题为按行程速比系数设计四杆机构的问题。可用图解法设计。先按已知的 $K = 1.5$ 计算出所设计机构的极位夹角为

$$\theta = 180° \times \frac{K-1}{K+1} = 180° \times \frac{1.5-1}{1.5+1} = 36°$$

再作图如下:取长度比例尺 $\mu_l = 1.5 \text{ mm/mm}$

按给定条件作出摇杆 CD 的两个极限位置 $C_1 D$ 和 $C_2 D$,如图 5.10(b) 所示。

连接 $C_1 C_2$,并作 $C_1 M \perp C_1 C_2$,再作 $C_2 N$ 线使 $\angle C_1 C_2 N = 90° - \theta$,得 $C_1 M$ 与 $C_2 N$ 的交点 P。作 $\triangle P C_1 C_2$ 的外接圆,则曲柄轴心 A 应在圆弧 $\overparen{C_1 P C_2}$ 上。

为满足 $l_{AD} = l_{BC} - l_{AB}$ 的关系,可作 $C_1 D$ 线的中垂线,其与圆弧 $\overparen{C_1 P C_2}$ 的交点,即为曲柄 AB 的固定铰链 A 的位置。连接 AC_1 及 AC_2,由图可求得

$$l_{AD} = \mu_l \overline{AC_1} = \mu_l \overline{AD} = 1.5 \times 30 = 45 \text{ mm}$$

$$l_{AB} = \mu_l \frac{\overline{AC_2} - \overline{AC_1}}{2} = 1.5 \times \frac{54-30}{2} = 18 \text{ mm}$$

$$l_{BC} = \mu_l \frac{\overline{AC_2} + \overline{AC_1}}{2} = 1.5 \times \frac{54+30}{2} = 63 \text{ mm}$$

第6章　凸轮机构及其设计

6.1　本章学习要求

(1)掌握凸轮机构的特点及其应用。

(2)了解从动件的各种运动规律的特点，能根据工作要求较好地选择从动件的运动规律。

(3)掌握用反转法按给定的从动件运动规律绘制盘状凸轮地廓线，正确地选取凸轮的基圆半径 r。和滚子半径 r_T。

6.2　本章重点和难点

1.重点

盘形凸轮机构轮廓曲线的设计；定性地了解压力角和基圆半径 r。的关系。

2.难点

难点之一是利用反转法分析凸轮机构的各种问题。在前面我们主要讲述的是利用反转法设计凸轮地廓线，但是在实际应用中较为常见的情况却是根据反转法求解凸轮机构的各种未知量。例如，求解凸轮转动一定角度后从动件的位移、压力角等等。对于这样的问题，求解的关键是要深刻理解反转法的原理，要掌握各种常见凸轮机构用反转法设计地廓线的步骤。

难点之二是滚子半径 r_T 的选择。

6.3　本章学习方法指导

1.概述

凸轮机构——由凸轮、从动件和机架3个主要构件所组成的高副机构。当凸轮运动时，通过凸轮曲线轮廓与从动件接触，使从动件获得预期的运动规律。凸轮机构应用广泛，类型很多。在学习凸轮机构分类这部分内容时，应注意各种凸轮机构的优缺点及其适用场合。

2.凸轮机构的分类

$$\text{按凸轮形状}\begin{cases}\text{盘形凸轮}\\\text{圆柱凸轮}\end{cases}\qquad\text{按从动件形状}\begin{cases}\text{尖顶从动件}\\\text{滚子从动件}\\\text{平底从动件}\end{cases}$$

$$\text{按从动件运动形式}\begin{cases}\text{直动从动件}\\\text{摆动从动件}\end{cases}\qquad\text{按相对位置}\begin{cases}\text{对心直动从动件}\\\text{偏置直动从动件}\end{cases}$$

3.从动件常用的运动规律

学习推杆常用的运动规律这部分内容时,应注意各种运动规律的运动方程式的建立,并注意各种运动规律的优缺点及其适用场合。4 种常用的从动件运动规律及其特性见表 6.1。

表 6.1 从动件的常用运动规律及其特性

运动规律	动力特性	设计制造	适用范围
等速	刚性冲击	易	低速轻载
等加速等减速	柔性冲击	较难	中速轻载
简谐(余弦加速度)	柔性冲击	较易	中速中载
摆线(正弦加速度)	没有冲击	较难	高速中载

4.凸轮轮廓曲线设计的基本原理——反转法

设想在尖顶从动件凸轮机构中,对整个机构加上 1 个与凸轮角速度大小相等、方向相反的角速度($-\omega$),这时凸轮就静止了,而从动件将与导路一起以($-\omega$)绕凸轮轴线转动,同时从动件又以原来的运动规律相对导路运动。从动件在这种复合运动中,其尖顶的运动轨迹就是凸轮的轮廓曲线。

5.作图法设计凸轮轮廓曲线

(1)绘制从动件的位移曲线。以横坐标代表凸轮的转角或凸轮转动的时间,它的比例尺可以任意选取,而不影响凸轮轮廓设计。对于直动从动件,纵坐标代表从动件的位移(它的比例尺最好与凸轮轮廓图的比例尺相同,以便在位移图上直接截取线段绘制凸轮轮廓)。对于摆动从动件,其纵坐标代表从动件的摆角,按从动件的运动规律作出从动件的位移曲线。

(2)画凸轮轮廓曲线。对于尖顶从动件,可在凸轮基圆上作等分角线,用"反转法"作出从动件反转后的导路线,根据从动件在各位置的位移量,以与位移曲线相同的比例尺,在导路线上截取各对应点,连接各点即可得凸轮轮廓曲线。

对于滚子从动件来说,先把滚子中心视为尖顶,设计出凸轮轮廓曲线,称为理论轮廓曲线,再以理论轮廓上的点为圆心,以滚子半径为半径画许多圆,这些圆的内切包络曲线(是理论轮廓的等距曲线)就是凸轮轮廓曲线。

6.凸轮机构基本尺寸确定

凸轮机构的压力角是一个重要的参数。它与凸轮机构中的作用力和凸轮的尺寸都有直接关系,而且会直接影响到凸轮机构的效率;如选择不当甚至会使饥构发生自锁。所以必须十分注意。为了在载荷 F_Q 一定的条件下使凸轮机构中的作用力 F 不致过大就要限定压力角的最大值,使 $\alpha_{max} \leqslant [\alpha]$。

压力角 α 与基圆半径 r_0 有密切关系。若 r_0 太小会引起压力角的增大,致使机构的传动效果不好,磨损加重。但 α 过大时,凸轮尺寸增大。因此要妥善处理好基圆半径 r_0 与压力角 α 的关系 … 设计中一般是先根据结构和强度要求确定凸轮的基圆半径 r_0,当理论廓线求出后,再校验凸轮机构的压力角,即最大压力角 $\alpha_{max} \leqslant [\alpha]$。

当采用滚子从动件时,应注意滚子半径 r_T 的选择,否则从动件有可能实现不了预定的运动规律。一般取 $r_T \leqslant \rho_{min} - 3$ mm,式中 ρ_{min} 是凸轮理论轮廓线的最小曲率半径。

7．本章重点知识结构图

本章重点知识结构见表6.2。

表6.2　重点知识结构图

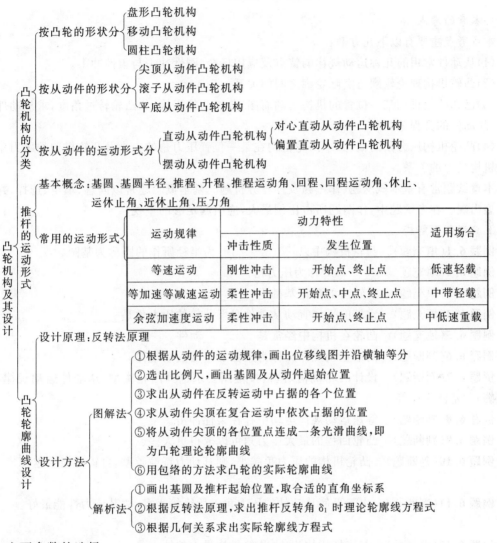

主要参数的选择：

（1）压力角：从减小推力及避免自锁的观点来看，压力角愈小愈好。

（2）基圆半径：在满足压力角小于许用压力角的条件下，尽量使基圆半径小些，以使凸轮机构的尺寸不至过大。在实际的设计工作中，还需考虑凸轮机构的结构、受力、安装、强度等方面的要求。

（3）滚子半径：为了避免理论轮廓出现尖点和自交，滚子半径应小于理论轮廓曲线的最小曲率半径。设计时，应尽量使滚子半径小些，但考虑到强度、结构等限制，通常按经验公式确定取滚子半径，设计中验算理论轮廓曲线的最小曲率半径。

6.4 本章考点及典型例题解析

1.本章的考点

本章考点主要有以下几方面：

(1)从动件常用的几种运动规律的特点及应用场合,刚性冲击与柔性冲击。

(2)凸轮机构理论轮廓与实际轮廓之间的关系。

(3)已知凸轮机构某一位置的机构运动简图,分析凸轮机构,如凸轮转过角度,求从动件的位移、从动件的升程等。

(4)凸轮机构压力角的概念,求凸轮机构在某一位置压力角的大小及凸轮机构的压力角与凸轮机构受力的关系。

本章试题常有基本概念题、作图题及计算分析题。基本概念题常以问答、填空、选择、判断等题型出现。在考试题中,作图题所占比例最大,应引起足够的重视。

2.典型例题解析

例题 6.1(填充题)　凸轮机构中以_____为半径所作的圆称为基圆。

例题 6.2(填充题)　_____称为压力角。

例题 6.3(填充题)　反转法的理论基础是_____。

例题 6.4(填充题)　常见的平底直动从动件盘形凸轮的压力角是_____。

例题 6.5(填充题)　凸轮在机构中经常是_____动件。

例题 6.6(判断题)　简谐运动规律又称为余弦加速度运动规律。　　　　　（　　）

例题 6.7(判断题)　设计凸轮机构,包括按使用要求选择凸轮类型、从动件运动规律(位移线图)和基圆半径等。　　　　　（　　）

例题 6.8(判断题)　等速运动规律运动中存在柔性冲击。　　　　　（　　）

例题 6.9(判断题)　凸轮回程的最大压力角可以取得更大些。　　　　　（　　）

例题 6.10(判断题)　凸轮机构的压力角越小,则其动力特性越差,自锁可能性越大。

（　　）

例题 6.11(判断题)　由于平底从动件的压力角 α 始终等于零,故其传力性能最好。

（　　）

例题 6.12(选择题)　与连杆机构相比,凸轮机构最大的缺点是_____。

A.惯性力难以平衡　　B.点、线接触,易磨损　　C.设计较为复杂　　D.不能实现间歇运动

例题 6.13(选择题)　凸轮轮廓曲线没有凹槽,要求机构传力很大,效率要高,从动杆应选_____。

A.尖顶式　　　　　　B.平底式　　　　　　C.滚子式

例题 6.14(简答题)　工程中设计凸轮机构时、其基圆半径一般如何选取?

例题 6.15(画图题)　画出例题 6.15 图所示凸轮机构在图示位置的压力角。

例题 6.16(简答题)　刚性冲击?哪种运动规律有柔性冲击?哪种运动规律没有冲击?如何来选择从动件的运动规律?

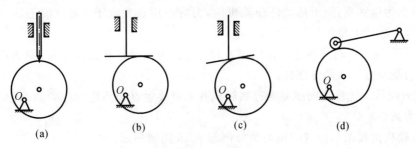

例题 6.15 图

例题 6.17(简答题) 工程中设计凸轮机构时,其基圆半径一般如何选取?

例题 6.18(画图设计题) 如例题 6.18 图所示为凸轮机构推杆的速度曲线,它由四段直线组成。要求:在题图上画出推杆的位移曲线、加速度曲线;判断哪几个位置有冲击存在,是刚性冲击还是柔性冲击;在图示的 F 位置,凸轮与推杆之间有无惯性力作用,有无冲击存在。

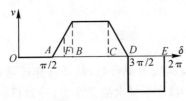

例题 6.18 图

例题 6.19(作图题及计算分析题) 试设计一对心移动滚子从动件盘形凸轮机构。已知凸轮以等角速度 ω_1 顺时针方向转动,凸轮的基圆半径 $r_o=21$ mm,从动件的行程 $h=21$ mm,滚子半径 $r_T=7$ mm。凸轮在最初转过 $60°$ 时,从动件以余弦加速度运动规律上升(工作行程);再转过 $30°$ 时,从动件保持不动,继续转过 $60°$ 时,从动件以等加速等减速运动规律返回(回程)。凸轮再转过 $210°$ 时,从动件又保持不动,试绘出 $s-\varphi$ 线图及设计该凸轮的轮廓曲线。

3.典型例题的参考解答

例题 6.1【凸轮轮廓最小半径 r_b】 例题 6.2【凸轮从动件上的速度与从动件所受力的锐角夹角的数值】 例题 6.3【相对运动原理】。

例题 6.4【$0°$】 例题 6.5【主】 例题 6.6【(√)】 例题 6.7【(√)】

例题 6.8【(√)】 例题 6.9【(√)】 例题 6.10【(×)】 例题 6.11【(√)】

例题 6.12【(B)】例题 6.13【(B)】

例题 6.14 答:从传动效率来看.压力角越小越好,但压力角减小会使凸轮基圆半径 r_o 增大、因此在设计凸轮时要权衡两者关系,抓住主要矛盾合理解决。对于受力较大而对机构的尺寸没有严格限制时,可将 r_o 取大些,以保证机构具有良好的传力条件。若机构受力不大,而要求机构紧凑对.则应取较小的 r_o,但需要 $\alpha_{max} \leqslant [\alpha]$。

例题 6.15 分析:根据压力角的概念,压力角为从动件上力的作用点与速度方向线之间所夹的锐角。因此要正确找到压力角有 3 个基本要素:力的作用点、力的方向线和速度方向线。这 3 个要素可以按照以下方法确定。

1)力的作用点。尖顶从动件凸轮机构,力的作用点为从动件的尖点;平底从动件凸轮机构,力的作用点为接触点;滚子从动件凸轮机构,力的作用点为滚子中心(滚子从动件的各种参数都要在理论廓线上量取)。

2)力的方向线。直动从动件凸轮机构力的方向线为从动件导路的方向;摆动从动件凸轮机构力的方向线垂直于从动件摆杆。

3)速度方向线。速度方向线要通过接触点并通过接触点处凸轮廓线的曲率中心(若凸轮廓线为圆则为圆心)。

解:各凸轮机构在图示位置的压力角如例题 6.15 图解所示。

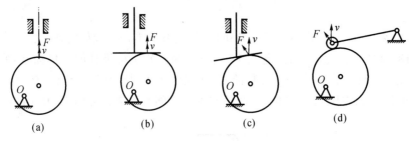

(a)　　　　(b)　　　　(c)　　　　(d)

例题 6.15 图解

例题 6.16 答:从四种运动规律线图中可见,从动件作等速运动时,在行程始末速度有突变,理论上加速度可以达到无穷大,产生极大的惯性力,导致机构产生强烈的刚性冲击,因此,等速运动只能用予低速轻载场合。从动件作等加速 — 等减速运动时,在三点加速度有有限突变,导致机构产生柔性冲击。因此宜用于中、低速场合。至于另外两种情况,自己分析。

例题 6.17 答:从传动效率来看.压力角越小越好,但压力角减小会使凸轮基圆半径 r_0 增大.因此在设计凸轮时要权衡两者关系,抓住主要矛盾合理解决。对于受力较大而对机构的尺寸没有严格限制时,可将 r_0 取大些,以保证机构具有良好的传力条件。若机构受力不大,而要求机构紧凑对.则应取较小的 r_0,但需要 $\alpha_{max} \leqslant [\alpha]$。

例题 6.18 答:解如例题 6.18 图解所示。

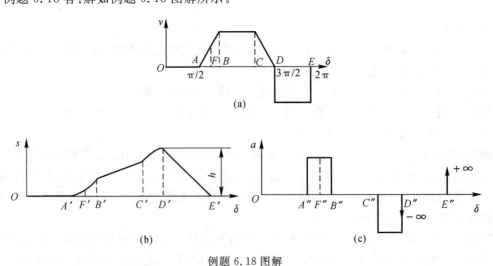

例题 6.18 图解

【分析】由例题 6.18 图(a)速度曲线可知。

在 OA 段内($0 \leqslant \delta \leqslant \pi/2$),因推杆的速度 $v=0$,故此段为推杆的近休段,推杆的位移及加速度均为零,即 $s=0, a=0$,如例题 6.18 图解(b)及(c)所示。

在 AD 段内($0 \leqslant \delta \leqslant 3\pi/1$),因 $v > 0$,故此段为推杆的推程段。且在 AB 段内,因速度线图为上升的斜直线,故推杆的运动形成为等加速上升,位移曲线为抛物线运动曲线,而加速度曲线为正的水平直线段。

在 BC 段内,速度线图为水平直线段,故推杆继续等速上升,位移线图为上升的斜直线,而加速度曲线为与 δ 轴重合的线段。

在 CD 段内,速度线图为下降的斜直线,故推杆继续等减速上升,位移曲线为抛物线运动曲线,而加速度曲线为负的水平线段。作出推杆推程段的速度口及加速度口线图,如例题6.18 图解(b)及(c)所示。

在 DE 段内($3\pi/2 \leqslant \delta \leqslant 2\pi$),因 $v < 0$,故此段为推杆的回程段,且速度曲线为水平线段,推杆做等速下降运动。其位移曲线为下降的斜直线,而加速度曲线为与 δ 轴重合,且在 D 和 E 处其加速度分别为负无穷大和正无穷大,如例题 6.18 图解(b)及(c)所示。

由推杆速度曲线图解(b)和加速度曲线图解(c)知,在 D 及 E 处,有速度突变,且在相应的加速度线图上分别表现为负无穷大和正无穷大。因此凸轮机构在 D 和 E 处有刚性冲击,则在加速度线图上 A'',B'',C'' 及 D'' 处有加速度值的有限突变,故在这几处凸轮机构有柔性冲击。

在 F 处有正的加速度值,故有惯性力,但既无速度突变,也无加速度突变,因此,F 处无冲击存在。

例题 6.19 解 解题步骤如下:

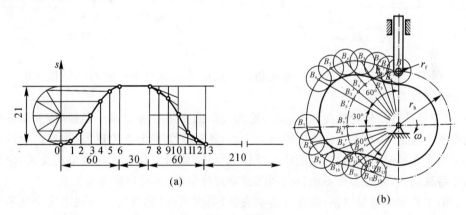

例题 6.19 图解

(a) 位移曲线; (b) 轮廓曲线

(1)绘 s-φ 线图。取位移比例尺 $\mu_s = 0.001 \text{ m/mm}$ 及角位移比例尺 $\mu_\varphi = 2°/\text{mm}$,将横坐标在 $0° \sim 60°$ 区段内等分6份,得分点 $1, 2, \cdots, 6$;在 $60° \sim 90°$ 区段内不必等分;在 $90° \sim 150°$ 区段内等分 6 份;得分点 7、8…13;在 $150° \sim 360°$ 区段内不必等分。然后,在 $0° \sim 60°$ 区段内按余弦加速度运动规律(位移为简谐运动曲线),$90° \sim 150°$ 区段内按等加速等减速运动规律(位移为抛物线)分别用教材图 3.7 的(c)和(b)的作图方法作位移曲线 S-φ。

(2)绘凸轮的轮廓曲线。用反转法按给定的从动件运动规律绘制盘状凸轮轮廓曲线图如例题 6.19 图解(b)所示。

6.5 复习题与习题解析

6.2 何谓凸轮机构传动中的刚性冲击和柔性冲击？试补全题6.2图所示各段的 $s-\delta$, $v-\delta$, $s-a$ 曲线。并指出哪些地方有刚性冲击，哪些地方有柔性冲击。

答：刚性冲击：推杆在某个运动瞬间，因速度有突变，这时推杆在理论上将出现无穷大的加速度和惯性力，因而会使凸轮机构受到极大的冲击，这种冲击称为刚性冲击。

柔性冲击：当推杆某个运动瞬间的加速度和惯性力发生的突变值为有限值时，引起的冲击较小，这种冲击称为柔性冲击。

如题6.2解图所示。在 C, D 处有刚性冲击，在 A, B, E, F 处有柔性冲击。

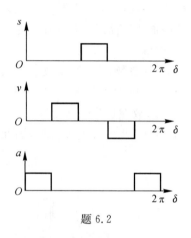

题 6.2

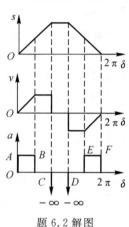

题 6.2 解图

6.9 何谓凸轮工作廓线的变尖现象和推杆运动的失真现象？它对凸轮机构的工作有何影响？如何加以避免？

答：对于外凸的凸轮轮廓曲线，当其理论廓线的曲率半径等于滚子半径时，工作轮廓线的廓线的曲率半径为零，此时工作廓线将出现尖点，这种现象称为变尖现象；当理论轮线的曲率半径小于滚子半径时，工作轮廓线的曲率半径为负值，此时工作轮廓线将出现交叉，余出部分在制造中将被切去，致使推杆不能按预期的运动规律运动，这种现象称为失真。

变尖的工作廓线极易磨损，使推杆运动失真；而失真时，推杆的运动规律完全达不到设计要求，因此应加以避免。

避免措施：对于外凸的凸轮轮廓曲线，应使滚子半径小于理论廓线的最小曲率半径；凸轮工作轮廓线的最小曲率半径一般不应小于 $1\sim5$ mm，如果不满足此要求，就应增大基圆半径，或适当减小滚子半径；有时则必须修改推杆的运动规律，使凸轮工作廓线出现尖点的地方代以合适的曲线；滚子的尺寸还受到其强度和结构的限制，因而也不能太小。

6.10 一滚子推杆盘形凸轮机构，在使用中发现推杆滚子的直径偏小，欲改用较大的滚子。问是否可行？为什么？

答：不可行。推杆偏置的大小、方向的改变会直接影响推杆的运动规律，凸轮机构将不能实现推杆预定的运动规律。

6.6 自我检测题

1. 选择题　见附录Ⅱ应试题库:3.选择题中 6(9)～6(38)题。

2. 问答题　见附录Ⅱ应试题库:4.问答题中 6(22)～6(30)题。

3. 计算题　见附录Ⅱ应试题库:5.计算分析题中 6(12)～6(13)题,

6.7 导教(教学建议)

一、教学重点

1. 凸轮机构概述

(1)凸轮机构的组成。一般由动件凸轮、从动件和机架 3 个构件组成。

(2)凸轮机构的分类。凸轮机构类型很多,有多种不同的分类方法:

1)按照从动件的运动型式可以分为移动凸轮机构和摆动凸轮机构;

2)按照凸轮的形状可以分为盘形凸轮机构和圆柱凸轮机构;

3)按照从动件尖端的形状可以分为尖端从动件凸轮机构、滚子从动件凸轮机构、平底从动件凸轮机构和球面从动件凸轮机构;

4)按照锁合方式可以分为外力锁合凸轮机构和几何锁合凸轮机构等。

上述几种分类方式中,最为常用的是按照从动件的尖端形状和运动型式进行分类。例如,尖端从动件直动凸轮机构、滚子从动件摆动凸轮机构等。

(3)凸轮机构的特点:

1)优点:只要适当地设计出凸轮的轮廓曲线,就可以使推杆得到各种预期的运动规律,且响应快速,机构简单紧凑。

2)缺点:凸轮轮廓线与推杆之间为点、线接触,易磨损,且凸轮制造较困难,因此,凸轮机构多用在传力不大的场合。

2. 从动件常用运动规律

从动件的运动规律是指从动件位移 s、速度 v、加速度 a 与凸轮转角 φ 之间的变化规律。

从动件的运动规律是根据工作要求来确定的。但对于仅有位移要求或仅有从动件运动性能要求的凸轮机构,则可从已有的所谓"常用运动规律"中来选用。教材中一般介绍的常用运动规律有这样 4 种:等速运动规律、等加速等减速运动规律、余弦加速度(简谐运动)运动规律和正弦加速度(摆线运动)运动规律。

3. 凸轮机构的基本尺寸的确定

凸轮机构的基本尺寸主要是压力角 α,基圆半径 r_b 和滚子半径 r_g 以及平底从动的平底尺寸。

(1)压力角 α 的确定。压力角 α 是反映机构传力特性的一个重要参数。在工程实际中,通常规定了凸轮机构的最大压力角 $\sigma_{max} \leqslant$ 许用压力角 $[\alpha]$(其值远小于 a_C 值)。$[\alpha]$ 一般取值为:升程段,直动从动件 $[\alpha]=30°$,摆动从动从 $[\alpha]=35°\sim45°$;回程段,$[\alpha]'=70°\sim80°$,图 6.1 反

映了直动从动件盘形凸轮机构中压力角 α 和基圆半径 r_b,偏距 e 之间的关系为

$$\tan\alpha = \frac{v/\omega \mp e}{s + \sqrt{r_2^2 - e^2}} \qquad (6-1)$$

式中,s 为从动件的位移;v 为从动件的速度;ω 为凸轮的角速度。

偏距 e 前面加减号的取法:若凸轮逆时针方向转动,则当从动件偏在凸轮轴心右侧时,推程取减号,回程取加号;偏在左侧时,推程取加号,回程取减号。若凸轮顺时针方向转动,加减号的取法与上述相反。

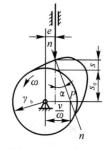

图 6.1　凸轮机构

由上式可知,在其他条件不变时:

1)将从动件偏置在使 e 前取减号一侧,可使压力角减小,从而改善受力状况。但应注意,若推程的压力角减小则回程的压力角将增大。

2)压力角 a 越大,基圆半径 r_b 越小,亦即凸轮的尺寸越小。故从机构尺寸紧凑的观点来看,压力角偏大一些好。

(2)基圆半径 r_b 的确定。为了使凸轮机构结构紧凑,希望有尽可能小的基圆半径。盘形凸轮的最小基圆半径,主要受三个条件的限制:

1)凸轮的基圆半径应大于凸轮轴的半径;

2)$\alpha_{max} \leqslant [\alpha]$;

3)凸轮廓线的最小曲率半径 $\rho_{cmin} = \rho_{min} - r_g > 3$ mm,ρ_{cmin},ρ_{min} 分别为凸轮的实际廓线和理论的廓线的最小曲率半径,r_g 为滚子从动件的滚子半径。

(3)滚子半径 r_g 的确定。滚子半径 r_g 与凸轮理论廓线的最小曲率半径 ρ_{min}、实际廓线的最小曲率半径 ρ_{cmin} 的关系为:如果内凹型凸轮,$\rho_{cmin} = \rho_{min} + r_g$。这时,无论 r_g 多大,实际廓线总是可以平滑地作出。如果外凸型凸轮,$\rho_{cmin} = \rho_{min} - r_g$。此时,若 $\rho_{min} > r_g$,则实际廓线可以作出;若 $\rho_{min} = r_g$,则 $\rho_{cmin} = 0$,实际廓线将出现尖点,极易磨损;若 $\rho_{min} < r_g$,则 $\rho_{min} < 0$,实际廓线将相交,交出的部分被切去,致使从动件达不到预期运动,出现运动失真现象。为了避免这些缺陷,应保证实际廓线的最小曲率半径 ρ_{cmin} 满足 $\rho_{cmin} = \rho_{min} - r_g > 3$ mm。若不能满足此要求,则应增大基圆半径 r_b。

4.用图解法设计凸轮轮廓

根据从动件的运动规律绘制凸轮轮廓曲线的常用方法是反转法。反转法的原理是:给整个凸轮机构绕轴心 O 加一个与凸轮有速度 ω 等值反向的公共角速度"$-\omega$"。

根据相对运动原理,这时凸轮与从动件的相对运动不变,但凸轮相对纸面就不动了。而从动件一方面随导路(机架)以"$-\omega$"的角速度绕 O 点转动,同时又沿导路按已知的运动规律作相对移动。对尖端从动件来说,由于尖端点始终与凸轮廓线相接触,所以反转后尖端点描出的轨迹就是凸轮的廓线。

尖端直动从动件凸轮廓线的设计如图 6.2 所示。

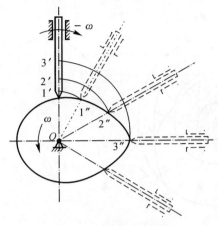

图 6.2 凸轮机构的反转

用图解法设计(对心尖端直动从动件)盘形凸轮廓线的一般步骤如下:

1)选取比例尺,作位移线图并按选定的分度值求得从动件各分点的位移值;

2)作基圆及从动件的初始位置;

3)作出从动件在反转运动中依次占据的各个位置;

4)作出从动件沿导路作相对移动时其尖端依次占据的各个位置;

5)将从动件尖端点的各位置连成一条光滑越线,即为凸轮廓线。

偏置尖端直动从动件凸轮廓线的设计与尖端直动从动件凸轮廓线的设计相似。只是从动件在反转运动中所占的各位置不再是过凸轮轴心的径向线,而是始终切于偏距圆的切线,从动件的位移是沿着这些切线从基圆上开始向外量取。

二、教学难点

难点一:利用反转法分析凸轮机构的各种问题。在前面我们主要讲述的是利用反转法设计凸轮廓线,但是在实际应用中较为常见的情况却是根据反转法求解凸轮机构的各种未知量。例如,求解凸轮转动一定角度后从动件的位移、压力角等等,对于这样的问题,求解的关键是要深刻理解反转法的原理,对于各种常见凸轮机构用反转法设计廓线的步骤要熟练掌握。

进行问题求解时,可以按照以下要点进行:

1)根据已知条件中给定的凸轮转向,明确从动件反转的方向;

2)准确找到反转后从动件各个时刻的位置,对心凸轮机构反转后任何时刻从动件的导路都要通过凸轮的回转中心;偏置凸轮机构反转后各个时刻从动件导路都要与偏距圆相切;

3)根据给定的从动件运动规律,绘制从动件的位移线图,准确找到反转后从动件尖点(滚子从动件为滚子中心、平底从动件为平底中心)位置。

难点二:压力角的判定。

三、例题选讲

例 6.1 图 6.3 所示为一偏置尖端移动从动件盘形凸轮机构。试用图解法作出从动件的位移曲线 $s - \varphi$。

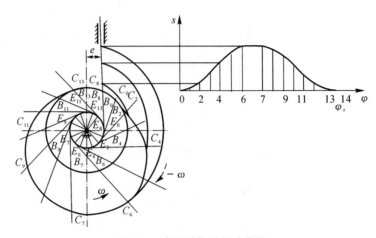

图 6.3   求从动件的位移曲线

解   (1)以凸轮上最小向径 OB_1 的模 r_b 为半径作基圆。

(2)以偏心距 e 为半径作偏置圆。

(3)以从动件的导路方向与偏置圆相切的位置 E_0 为起始位置,按与凸轮角速度 ω 相反的转向($-\omega$)根据凸轮廓线的情况分段并按段等分偏置圆。如图上 C_0,C_6,C_7,C_{13} 点为凸轮轮廓曲线的转折处,以此为界分为四段。过此四点分别作偏置圆的切线得切点 E_0,E_6,E_7,E_{13}。然后在偏置圆上将各分段 $E_0 - E_6$,$E_7 - E_{13}$ 分别作若干等份($E_{16} - E_7$ 和 $E_{13} - E_0$ 两段对立的凸轮廓线是圆弧,故不再等分)。等分 E_0,E_6,E_7,E_{13} 与偏置圆相切的射线并与凸轮基圆、凸轮廓线分别交 C_0,C_1,C_2,$\cdots$ 一点。则从射线上量得的 B_0C_0,B_1C_1,B_2C_2,$\cdots$ 段即为凸轮每转一角度时相应的从动件位移 s。

(4)将各对应的转角 φ 和位移 s 画在直角坐标系中,可得到该凸轮从动件的位移曲线图。

必须指出的是,廓线分段时,廓线转折处必须置于分点上,以便得出的位移规律不致出现大的误差。此外,须注意射线的方向,它应与凸轮的转动方向相一致。

例 6.2   图 6.4(a)所示为一凸轮机构从动件的位移曲线。它由五段曲线组成,其中 OA 段和 BC 段为抛物线。试求:

(1)根据位移曲线画出从动件的速度曲线,加速度曲线。

(2)判断哪个位置有冲击存在,属于哪种冲击?

(3)在图示 F 位置凸轮与从动件之间有无惯性作用,有无冲击存在?

解   (1)由从动件位移曲线可知:

在 OC 段内($0 \leqslant \varphi \leqslant \frac{\pi}{2}$),从动件处在升程段,其速度 $v < 0$。其中

OA 段内,由于位移曲线为抛物线,由常用运动规律中的等加速等减速规律知,此时从动件的速度曲线为上升的斜直线,从动件做等加速运动,加速度线图为水平直线。

AB 段内,位移曲线为上升的斜直线,故从动件做等速运动,速度曲线图为水平直线,而加速度曲线为与 φ 轴重合的线段。

BC 段内,位移曲线为与 OA 段相反的抛物线。故其从动件的速度线图为下降的斜直线,从动件此时做等减速运动,加速度线图为负的水平线段。

在 CD 段内 $(\frac{\pi}{2} \leqslant \varphi \leqslant \pi)$，从动件停止不动，所以其速度、加速度均为零，速度线图与加速度线图分别是与 φ 轴复合的线段。

在 DE 段内 $(\pi \leqslant \varphi \leqslant 2\pi)$ 从动件做等速运动，速度线图为负的水平线，加速度曲线与 P 轴重合，且在 D,E 处加速度分别为负无穷大和正无穷大。

（2）由从动件速度曲线（见图 6.4(b)）和加速度曲线（见图 6.4(c)）可知，在 D,E 处速度有突变，且加速度分别为负无穷大和正无穷大，故在这两点凸轮机构有刚性冲击。在加速度曲线上的 O,A'',B'' 及 C'' 处有加速度值的有限突变，所以在这几处凸轮机构有柔性冲击。

（3）在 F 处有负的加速度值，所以有惯性力，但加速度无突变。因此，在 F 处无冲击存在。

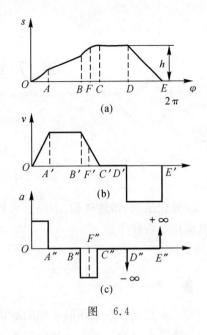

图　6.4

第7章　间歇运动机构

7.1　本章学习要求

对棘轮机构、槽轮机构、不完全齿轮机构和凸轮式间歇机构等基本机构的原理、运动特点及其应用要有所了解。

7.2　本章重点和难点

本章重点是了解常用的一些间歇机构的运动特点和应用。

本章难点是槽轮机构中的销钉数 k 与从动槽轮的槽数 z 之间的关系。

7.3　本章学习指导

（1）除了连杆机构、凸轮机构和齿轮机构（第 10 章和第 11 章）等广泛应用的机构以外，其他形式的机构还有很多。本章学习目的就在于向读者多介绍一些常用机构，以开阔视野和思路。教材中对于它们的传动性能和设计问题未作详细阐述，而着重介绍它们的运动特点和应用实例。本章内容比较简单，除槽轮机构外，自学当无困难。

（2）对于槽轮机构的学习指导如下：

1）在单销外槽轮机构中，当主动拨盘回转 1 周时，从动槽轮运动时间与主动拨盘转 1 周的总时间 t 之比，称为槽轮机构的运动系数，用 τ 表示，则

$$\tau = \frac{t_d}{t} = \frac{1}{2} - \frac{1}{z}$$

式中，τ 为槽轮的槽数。

如果在拨盘 1 上均匀分布有 k 个圆销，则该槽轮机构的运动系数为

$$\tau = k\left(\frac{1}{2} - \frac{1}{z}\right)$$

运动系数 τ 必须大于零而小于 1。

2）槽轮槽数和圆销数的确定由式 $\tau = \frac{1}{2} - \frac{1}{z}$ 可知，因 $\tau > 0$，所以槽数 $z \geqslant 3$。

一般情况下，槽轮停歇时间为机器的工作行程时间，槽轮转动时间为机器的空行程时间。为了提高生产率，要求并空行程时间尽量短，即 τ 值要小，也就是槽数要少。但槽数过少，槽轮机构的运动和动力性能变差，因此，一般多取 $z = 4$ 或 6。

3）单销外啮合槽轮机构的 τ 总是小于 0.5，即槽轮的运动时间总是小于其停歇时间。如果

要求 $\tau > 0.5$，则可以采用多销外啮合槽轮机构，其销数是应满足 $k < \dfrac{2z}{z-2}$。

4）槽轮机构结构简单、效率高、工作平稳，但其运动时间不可调节，在起动和停止时有冲击。槽轮机构适合于中速场合。

7.4　本章考点及例题解析

1.本章考点

本章重点介绍了棘轮机构和槽轮机构的组成、结构特点、工作原理以及应用场合。本章为非重点章节，考题中若出现，也主要是一些基本概念题，多以填空、判断、问答等题型出现，很少有具体设计计算题目。考点主要有以下几个方面：

(1)棘轮的组成、特点及应用。

(2)棘轮的主要参数、棘爪工作条件。

(3)槽轮机构的组成、特点及应用。

(4)槽轮机构的运动系数、拨盘数、圆柱销数的确定。

2.例题解析

例题 7.1（填空题）　棘轮机构的主动件是_____。在单向间歇运动机构中，棘轮机构常用于_____。

例题 7.2（填空题）　单向运动的棘轮齿形是_____，双向式运动的棘轮齿形是_____；

例题 7.3（填空题）　利用_____可以防止棘轮的_____。

例题 7.4（填空题）　槽轮机构的主动件是_____。槽轮机构的运动系数_____。

例题 7.5（判断题）　外啮合槽轮机构从动件的转向与主动件的转向是相反的。　（　　）

例题 7.6（判断题）　能实现间歇运动的机构称为间歇运动机构。　（　　）

例题 7.7（判断题）　能使从动件得到周期性的时停、时动的机构都是间歇运动机构。

（　　）

例题 7.8（判断题）　单向间歇运动的棘轮机构必须有止回棘爪。　（　　）

例题 7.9（判断题）　间歇运动机构的主动件在何时都不能变成从动件。　（　　）

例题 7.10（判断题）　棘轮机构的主动件是棘轮。　（　　）

例题 7.11（判断题）　棘轮机构只能用在要求间歇运动的场合。　（　　）

例题 7.12（判断题）　与双向式对称棘爪相配合的棘轮，其齿槽必定是梯形槽。　（　　）

例题 7.13（判断题）　外啮合槽轮机构的槽轮是从动件，而内啮合槽轮机构的槽轮是主动件。

（　　）

例题 7.14（判断题）　单个圆柱销的槽轮机构，槽轮的运动时间总是（　　）静止时间。

A. 大于　　　　**B.** 小于　　　　**C.** 等于

例题 7.15（判断题）　棘轮机构中采用止动棘爪的目的是（　　）。

A. 防止棘轮的反转　　**B.** 对棘轮进行双面定位　　**C.** 保证棘轮每次转过相同的角度

例题 7.16（问答题）　本章介绍的四种间歇运动机构：棘轮机构、槽轮机构、凸轮间歇运动机构和不完全齿轮机构。其运动平稳性、加工难易和制造成本方面各具有哪些特点？

例题 7.17（问答题）　在六角车床上六角刀架转位用的槽轮机构中,已知槽数 $z=6$,槽轮静止时间 $t_s=(5/6)$s,运动时间 $t_d=2t_s$。求槽轮机构的运动系数 K 及所需的圆柱销数 k。

3. 典型例题参考解答

例题 7.1【棘爪。 速度较低和载荷不大的场合】

例题 7.2【锯齿形,双向式运动的棘轮齿形是【梯形】;例题 7.3【止动棘爪　反转】

例题 7.4【拨盘。 $K>0$】　例题 7.5【(√)】　例题 7.6【(√)】　例题 7.7【(√)】

例题 7.8【(√)】　例题 7.9【(×)】　例题 7.10【(×)】　例题 7.11【(×)】

例题 7.12【(×)】　例题 7.13【(×)】　例题 7.14【(B)】　例题 7.15【(A)】

例题 7.16 解 见表 7.1。

表 7.1　例题 7.16 表

机构类型	工作特点	结构、运动及动力性能	适用场合
棘轮机构	摇杆的往复摆动变成棘轮的单向间歇转动	结构简单、加工方便、运动可靠,但冲击、噪声大,运动精度低	适用于低速、转角不大的场合,如转位,分度以及超越等
槽轮机构	拨盘的连续转动变成槽轮的间歇转动	结构简单、效率高、传动较平衡,但有柔性冲击	用于转速不高的轻工机械中
凸轮间歇运动机构	只要适当设计出凸轮的轮廓,就能获得预期的运动规律	运转平衡、定位精度高、动载荷小,但结构较复杂	可用于载荷较大的场合
不完全齿轮机构	从动轮的运动时间和静止时间的比例可在较大范围内变化	需专用设备加工,有较大冲击	用于具有特殊要求的专用机械中

例题 7.17 解　槽轮机构的运动特性系数为

$$K=\frac{t_2}{t_2+t_s}=\frac{2t_s}{3t_s}=\frac{2}{3}$$

因为

$$k=\frac{2Kz}{z-2}=\frac{2\times2\times6}{3\times(6-2)}=2$$

7.5　复习题与习题参考答案

7.6　试设计一棘轮机构,要求每次送进量为 1/3 棘轮齿距。

解:根据设计要求,应该采用三个棘爪。三个棘爪的排列情况如题 7.6 图所示,有两种情况:题 7.6 图(a)中所示,三个棘爪尖在棘轮齿圈上的位置相互差 1/3 个齿距。

题 7.6 图(b)中所示,三个棘爪尖相差 2/3 个齿距。

7.10　为什么槽轮机构的运动系数 τ 不能大于 l?

答:当主动拨盘回转一周时,槽轮的运动时间 t_d 与主动拨盘转一周的总时间 t 之比,称为槽轮机构的运动系数,即 $\tau=t_d/t$。

又因为槽轮为间歇运动机构,$t_d\leqslant t,\tau\leqslant 1$,所以槽轮机构的运动系数 τ 不能大于 1。

7.12　某自动机的工作台要求有六个工位,转台停歇时进行工艺动作。其中最长的一个工序为 30 s。现拟采用一槽轮机构来完成间歇转位工作,试确定槽轮机构主动轮的转速。

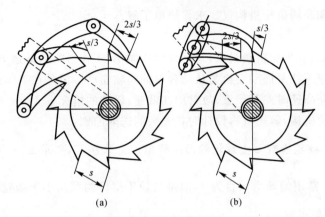

(a)　　　　　(b)

题 7.6 图

解:由
$$\tau = \frac{t_{\mathrm{m}}}{t} = \frac{z-2}{2z} = \frac{6-2}{2 \times 6} = \frac{1}{3}$$

$$\frac{t-2}{t} = \frac{1}{3}, \quad t = 3 \text{ s}$$

拔盘旋转一周所需时间为　　　　　　　　$t = 3 \text{ s}$

拔盘角速度为　　　　　　　　$\omega = \frac{2\pi}{t} = 2.091/\text{s}$

由于 $\omega \approx \frac{n}{10}$,故 $n = 10\omega = 20.9 \text{ r/min}$

7.14　棘轮机构、槽轮机构、不完全齿轮机构及凸轮式间歇运动机构均能使执行构件获得间歇运动,试从各自的工作特点、运动及动力性能分析它们各自的适用场合。

解:(1) 棘轮机构。其特点:结构简单,制造方便,运动可靠,棘轮轴每次转过角度的大小可以在较大的范围内调节,但是工作时有较大的冲击和噪声,运动精度差;因此,适用于速度较低和载荷不大的场合。

(2) 槽轮机构。其特点:结构简单,外形尺寸小,机械效率高,能较平稳地、间歇地进行转位,但传动中

7.6　自我检测题

1.填空题　　见附录 Ⅱ 应试题库:1.填空题中 7(41) ~ 7(44) 题。

2.判断题　　见附录 Ⅱ 应试题库:2.判断题中 7(30) ~ 7(48) 题。

3.选择题　　见附录 Ⅱ 应试题库:3.选择题中 7(39) ~ 7(47) 题。

4.问答题　　见附录 Ⅱ 应试题库:4.问答题中 7(31) ~ 7(37) 题。

7.7　导教(教学建议)

一、教学重点

本章重点内容为棘轮机构和槽轮机构的组成、特点和设计要点。对于不完全齿轮机构、凸

轮式间歇运动机构和非圆齿轮机构仅要求作简单了解。

1. 棘轮机构

棘轮机构由棘轮、棘爪和机架组成,是一种结构简单、工作可靠的低速单向间歇运动机构,可以将主动摇杆的连续往复摆动变换为从动棘轮的间歇摆动。但是在工作过程中有噪声和冲击,棘齿容易磨损,在高速时尤其严重,故常用在低速、轻载的情况下。

外啮合齿式棘轮机构,棘轮机构设计时各参数的选取原则:

(1) 棘轮齿数。棘轮齿数 z 由棘轮的最小转角 $\varphi_{\min}$ 来决定,要求 $z \geqslant \dfrac{2\pi}{\theta_{\min}}$。

(2) 棘爪数目。常用的棘爪数目为 1,但是当棘爪摆杆的摆角小于棘轮的齿距角 $\dfrac{360°}{Z}$ 时,必须采用多棘爪,一般可取 ~ 3。

(3) 棘轮齿面倾斜角 a。棘轮齿面倾斜角 a 为齿面与齿尖向径的夹角。为了保证棘轮机构能够正常工作,棘爪必须能够顺利落到齿根,而不至与齿脱开。为了实现这一要求,棘轮齿面倾斜角 a 必须满足条件 $a > \varphi$。式中,φ 为棘爪与齿面间的摩擦角。

(4) 棘轮齿形。一般单向运动棘轮机构的棘轮齿形采用锐角齿形,其齿形角一般根据铣刀角度决定,常用 60° 或 55°;双向运动棘轮机构的棘轮齿形一般采用矩形。

(5) 模数 m 和齿距 P。模数 m 由强度计算或者类别法确定,选用标准值;齿距 $P = \pi m$。

2. 槽轮机构

槽轮机构由具有径向槽的槽轮、带有圆销的拨盘和机架组成,可将主动拨盘的连续转动变换为槽轮的间歇运动。槽轮机构构造简单,机械效率高,并能平稳改变部件的角度。但是转角大小不能调整,且运动过程中角速度和角加速度变化大,冲击较严重,故一般应用于转速不高的分度装置中。

(1) 运动特性系数。设 z 为槽轮均匀分布的径向槽数目,则槽轮转过 $2\varphi_2 = 2\pi/z$ 弧度时,拨盘的转角为

$$2\varphi_1 = \pi - 2\varphi_2 = \pi - \frac{2\pi}{z}$$

在一个运动循环内,槽轮的运动时间 t。与拨盘的运动时间 t 之比值 τ 称为运动特性系数。当拨盘等速转动时,这个时间之比可以用转角之比来表示。对于只有一个圆槽的槽轮机构,t。和 t 分别对应于拨盘转过的角度 291° 和 2π,因此其运动特性系数为

$$\tau = \frac{t_{\mathrm{m}}}{t} = \frac{2\varphi_1}{2\pi} = \frac{\pi - 2\pi/z}{2\pi} = \frac{1}{2} - \frac{1}{z} = \frac{z-2}{2z}$$

由上式可知:

1) 单圆销外接槽轮机构的运动特性系数只与槽轮的槽数 z 有关,并且总是小于 0.5,即槽轮的运动时间总是小于停歇时间。

2) 由于 $\tau > 0$,而 z 又是整数,故 $z > 2$,即 $z \geqslant 3$

(2) 圆销数目选择。上面讨论的是拨盘上只有一个圆销的情况。如果拨盘上装有 K 个圆销,则一个循环中槽轮的运动时间为只有一个圆销时的 K 倍,即

$$z = K \frac{z-2}{2z}$$

由于运动特性系数 τ 总是小于 1(等于 1 时就变成了连续转动),故由上式可得

$$K < \frac{2z}{z-2}$$

从该式可以得出：

当 $z=3$ 时，$K<6$，K 的取值范围是 $1 \sim 5$；

当 $z=4$ 时，$K<4$，K 的取值范围是 $1 \sim 3$；

当 $z \geqslant 6$ 时，$K<3$，K 的取值范围是 $1 \sim 2$。

(3) 槽轮槽数选择。由前面运动特性系数分析可知，槽轮的槽数 $z \geqslant 3$。当 $z > 12$ 时，运动特性系数变化很小，故很少使用 $z > 12$ 的槽轮，因此其取值范围为 $z = 3$。$l2$，一般多取 $z = 4,6$。

二、教学难点

本章的难点为槽轮机构运动系数 k 的求法。槽轮机构的运动系数 k 应为在一个运动循环中，槽轮运动时间与主动件运动时间的比值，它不能用槽轮的转角和主动件的转角来求。还须注意内槽轮机构的圆销数只能为 1。

三、例题选讲

例 7.1　外接槽轮机构中，已知圆销数为 2，运动特性系数 $k = 0.5$，主动轮转速 $n_1 = 50 \text{ r/min}$。试求：(1) 槽轮的齿数 z；(2) 槽轮的运动时间 t'；(3) 槽轮的静止时间 t''。

解　(1) 槽轮的齿数 z

根据公式：$\tau = K \dfrac{z-2}{2z}$ 可得

$$z = \frac{2K}{K-2\tau} = \frac{2 \times 2}{2 - 2 \times 0.5} = 4$$

(2) 槽轮的运动时间 t' 主动轮转过一周所需要的时间为

$$t = \frac{60}{n_1} = \frac{60}{50} = 1.2 \text{ s}$$

因此槽轮的运动时间为

$$t' = \tau \times t = 0.5 \times 1.2 = 0.6 \text{ s}$$

(3) 槽轮的静止时间 t''

$$t'' = t - t' = 1.2 - 0.6 = 0.6 \text{ s}$$

例 7.2　有一外槽轮机构，已知槽轮的槽数 $z=6$，槽轮的停歇时间 t_2' 为槽轮运动时间 t_2 的 $1/2$，试求：① 槽轮机构的运动系数 k；(2) 所需的圆销数 n？

解　① 设在一个运动循环中，主动件的运动时间为 t_1，则

$$t_2' = t_1 - t_2 = t_1 \left(1 - \frac{t_2}{t_1}\right) = t_1(1-k) = \frac{t_2}{2}$$

解之得

$$k = \frac{2}{3}。$$

(2) 棘轮机构的运动系数 k，圆销数 n 与槽轮槽数 z 之间的关系为

$$k = \frac{n(z-2)}{2z}$$

$$n = \frac{2zk}{z-2} = \frac{2 \times 6 \times \dfrac{2}{3}}{6-2} = 2$$

第8章 齿轮机构及其设计

本章是本课程中的重要部分,也是机械传动系统中广泛采用的一类精密传动形式。学习本章的目的是了解齿轮机构的类型、特点及功用,掌握其设计方法。本章篇幅多,有难度,应高度重视。其中,渐开线直齿圆柱齿轮机构的传动设计是本章的重点。

8.1 本章学习要求

(1)了解齿轮机构常见的类型及功用、优缺点。

(2)理解齿廓啮合基本定理,了解渐开线的性质及渐开线齿廓的啮合特点。

(3)理解齿轮各部分的名称和基本参数,会进行几何尺寸的计算。

(4)掌握渐开线直齿圆柱齿轮传动正确啮合条件及连续传动条件。

(5)掌握直齿圆柱齿轮机构的传动设计。

(6)了解范成法切齿的基本原理和根切现象产生的原因,掌握不发生根切的条件。

(7)理解变位齿轮的概念、意义。

(8)了解斜齿圆柱齿轮齿廓曲面的形成、啮合传动的特点、基本参数及正确啮合条件,并能借助图表或手册进行传动设计。

(9)了解直齿圆锥齿轮机构的传动特点及应用。

(10)了解阿基米德蜗杆蜗轮机构的组成、特点及应用。会几何参数计算及选择方法,并着重了解蜗杆直径系数目的含义及引入 q 重要性。

(11)学会根据工作要求和已知条件,正确选择传动类型。

8.2 本章重点与难点

1.本章重点

(1)齿廓啮合基本定律;

(2)渐开线性质,啮合线、啮合角、基圆、压力角等概念;

(3)正常齿渐开线标准直齿圆柱齿轮的几何尺寸计算;

(4)渐开线齿廓发生根切的原因、危害及避免方法;

(5)变位齿轮的基本理论;

(6)斜齿轮传动的概念及正确啮合条件;

(7)蜗杆机构的概念及正确啮合条件。

2.本章难点

本章的难点较多,如:齿廓啮合基本定律(难点);一对齿轮传动的啮合过程;齿顶高变动系数(齿顶高缩短系数);变位齿轮;斜齿轮的当量齿数及圆锥齿轮的当量齿数的概念;蜗杆机构的基本参数等概念。

8.3 本章学习方法指导

本章篇幅多,有难度,故对本章学习方法指导比较详细,应高度重视。

1.齿轮传动的特点和基本类型

首先参观实验室或到现场,学习齿轮传动的传动特点和基本结构类型,这样学习起来既直观,又能充分了解齿轮传动的结构,提高学习效率,然后归纳了解其类型。

2.齿廓啮合基本定律

相啮合传动的一对齿廓的传动比 i_{12} 为常数,即

$$i_{12} = \frac{\omega_1}{\omega_2} = \frac{\overline{O_2 P}}{\overline{O_1 P}} \qquad (8.1)$$

式(8.1)为齿廓啮合基本定律的表达式。根据齿廓啮合基本定律,要使两齿轮的传动比为常数,即作定传动比传动,则两轮廓线不论在何处接触,过接触点所作的齿廓公法线必须与两轮连心线交于一固定点 P(参阅"主教材"的图 8.1)。点 P 称为节点,以齿轮转动中心 O 为圆心,$\overline{OP}$ 为半径所作的圆称为齿轮的节圆,齿轮传动比又等于两节圆半径的反比。

符合齿廓啮合基本定律的齿廓称为共轭齿廓,理论上可作为共轭齿廓的曲线有许多,考虑到制造、安装、强度等各方面的要求,在实际应用中以渐开线齿廓居多。

3.渐开线及渐开线齿廓

渐开线齿轮的齿廓曲线为渐开线,理解并掌握渐开线的性质对学习渐开线齿轮是至关重要的。渐开线性质如下:

(1) 发生线沿基圆滚过的一段长度与基圆上被滚过的一段弧长相等。

(2) 渐开线上任一点的法线必与基圆相切。

(3) 渐开线上某点的曲率中心是该点法线与基圆的切点。

(4) 渐开线形状与基圆有关,基圆半径 r_b 越小,渐开线越弯曲,反之,渐开线越平直;

(5) 渐开线上某点的压力角 α_K 和该点的半径 r_K 及基圆半径 r_b 的关系为:$\cos\alpha_K = \dfrac{r_b}{r_K}$。半径 r_K 越大,α_K 越大;反之,α_K 越小。在基圆上的压力角等于零。

(6) 基圆内无渐开线。根据渐开线性质及齿轮啮合过程,可知渐开线齿廓符合齿廓啮合基本定律,并且传动比恒定,同时渐开线齿廓具有可分性,这给齿轮的加工和装配带来很大的方便。

4.渐开线标准直齿圆柱齿轮

渐开线标准直齿圆柱齿轮机构是应用较为广泛的一种齿轮机构,也是学习其他类型齿轮机构的基础。在学习时应注意掌握以下几方面内容:

(1) 基本参数。渐开线标准直齿圆柱齿轮的基本参数有:齿数 z、模数 m、压力角 α、齿顶高系数 h_a^* 及顶隙系数 c',这五个参数决定了直齿圆柱齿轮的各部分尺寸,是齿轮几何尺寸计算的基础。

(2) 齿轮的主要几何尺寸有根据直齿圆柱齿轮掌握齿轮的结构和几何参数表,了解几何尺寸的计算公式。

分度圆直径

$$d = mz \qquad (8.2)$$

齿顶圆直径

$$d_a = d + 2h_a = (Z + 2h_a^*)m \qquad (8.3)$$

顶根圆直径

$$d_f = d - 2h_f = m(Z - 2h_a^* - 2c^*)m \qquad (8.4)$$

基圆直径

$$d_b = d\cos\alpha = mZ\cos\alpha \qquad (8.5)$$

周节

$$P_b = P_n = \pi m\cos\alpha \qquad (8.6)$$

如果齿轮的模数 m、压力角 α、齿顶高系数 h_a^* 和齿顶隙系数 c' 均取标准值,且分度圆上的齿厚等于齿槽宽.则该齿轮称为标准齿轮。一对正确安装的标准齿轮,其分度圆相切,即分度圆与节圆重合.啮合角 α' 等于分度圆压力角 α,其中心距

$$a = \frac{1}{2}(d'_1 + d'_2) = \frac{1}{2}(d_1 + d_2) = \frac{1}{2}m(Z_1 + Z_2) \qquad (8.7)$$

(3)渐开线直齿圆柱齿轮的啮合传动和连续传动。要理解和掌握齿轮传动的正确啮合条件,理解重合度的概念,了解渐开线齿轮的无侧隙啮合的含义。这几个问题理论上较抽象,是难点:

1)齿轮传动的啮合过程和正确啮合条件:

a.理论啮合线和实际啮合线。如图 8.1(a)所示,当一对轮齿开始啮合时,是主动轮的齿根推动从动轮的齿顶,所以开始啮合点是从动轮的齿顶圆与啮合线 N_1N_2 的交点 A。线段 AB 称为实际啮合线。退出啮合时,是主动轮的齿顶推动从动轮的齿根,所以终止啮合点是主动轮的齿顶圆与啮合线 N_1N_2 的交点 B。如果把两个齿轮的齿顶高增大,则 AB 线可以增长,但由于基圆内没有渐开线,A 点不可能超过 N_1 点,B 点不可能超过 N_2 点,N_1N_2 是 AB 的极限长度,所以 N_1N_2 称为理论啮合线。

b.一对渐开线齿轮传动时,其啮合轮齿的工作侧齿廓的接触点必须总是在啮合线上。若有多对齿同时参加啮合,则各对齿的工作侧齿廓的接触点也必须同时都在啮合线上。因此两轮的基圆齿距(即法向齿距)必须相等。由此可得渐开线直齿圆柱齿轮传动的正确啮合条件为:$m_1 = m_2 = m =$ 标准值;$\alpha_1 = \alpha_2 = \alpha =$ 标准值。

2)齿轮传动重合度 ε 的物理意义:

a.齿轮传动的连续性条件。对于齿轮要求定传动比的连续传动,仅具备正确啮合条件是不够的。当前一对轮齿尚未脱离啮合或刚要脱离啮合时,后一对轮齿应该已经进入了啮合,才能保证传动的连续性,因此,实际啮合线长度 AB 必须大于齿轮基圆上的齿距 p_b,即:$AB \geqslant p_b$,见图 8.1(a)。

b.重合度 ε 的物理意义。ε 可表示为

$$\varepsilon = \frac{\overline{AB}}{p_b} = \frac{1}{2\pi}[z_1(\tan\alpha_{a1} - \tan\alpha') + z_2(\tan\alpha_{a2} - \tan\alpha')]$$

其中 α' 为啮合角,当标准齿轮正确安装时,啮合角与齿轮分度圆上的压力角相等。如图 8.1(a)所示,A 为开始啮合点,B 为终止啮合点,假使 $\varepsilon = 1.63$,则 $AB = 1.63p_b$;所以 $AE = BD =$

$0.63p_b$。当第一对轮齿在 D 点啮合时,第二对轮齿在 A 点刚刚进入啮合,随着齿轮的转动,轮齿的接触点分别在啮合线段 DB,AE 上移动,此时共有两对齿参加啮合。然后,第一对轮齿在 B 点脱离啮合,第二对轮齿在 ED 段进行啮合,此时为单齿啮合。当第二对轮齿在 D 点啮合时,第三对轮齿在 A 进入啮合。

重合度 ε 是用来衡量齿轮传动连续性的一个物理量,要实现连续传动,必须满足 $\varepsilon \geqslant 1$。ε 也表明了同时啮合轮齿数的多少。

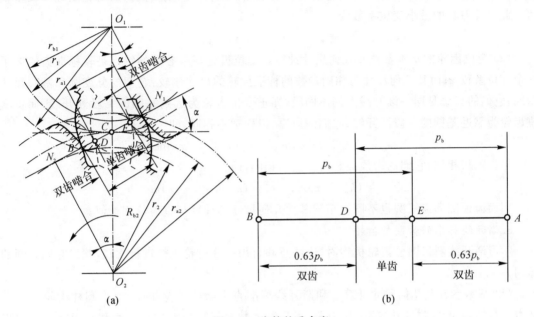

图 8.1 齿轮的重合度

5. 渐开线齿轮的加工方法

齿轮轮齿的加工方法有铸造法、切削法、轧制法等,其中应用最多的是切削加工法。

切削加工方法可分为仿形法和展成法两种。后者适合于大批量生产。

若采用标准齿条型刀具(其刀刃形状比标准齿条仅高出 $c'm$ 一段,如齿轮滚刀和齿条插刀)来切制齿轮,则使刀具的分度线刚好与轮坯的分度圆相切而范成加工出来的齿轮,即为标准齿轮。

6. 渐开线齿廓的根切现象与标准齿轮不发生根切的最少齿数

(1) 根切现象。用范成法加工齿轮时,若齿条型刀具的齿顶线(或齿轮型刀具的齿顶圆)与被切齿轮啮合线的交点超过了被切齿轮的啮合极限点 N_1 时,则刀具的齿顶将把被切齿轮齿根已切出的渐开线齿廓又切去一部分,这种现象称为根切现象。

(2) 标准齿轮不发生根切的最少齿数。用标准齿条型刀具加工渐开线标准外齿轮时,若刀具的齿顶线与被切齿轮的啮合线的交点 B_2 和其啮合极限点 N_1 重合时,则刚好不发生根切。由此可推导出加工标准齿轮而又不发生根切的最少齿数为

$$z_{min} = 2h_n^* / \sin^2 \alpha \tag{8.8}$$

当 $h_n^* = 1$,$\alpha = 20°$ 时,$z_{min} = 17$。

7. 变位齿轮

为了达到切制齿数 $z < z_{min}$ 的齿轮而又不发生根切、配凑中心距和改善齿轮的啮合性能

等目的,对齿轮可采用变位修正法。即改变刀具与被切齿轮轮坯的相对位置,使刀具的分度线与被切齿轮轮坯分度圆不再相切的切制齿轮的方法。用这种方法加工出的齿轮称为变位齿轮。这时,刀具分度线与齿轮轮坯分度圆间移开的距离 xm 称为变位量,其中 x 称为变位系数。变位齿轮有正变位(即 $x > 0$)和负变位(即 $x < 0$)之分。

(1)切制变位齿轮时的最小变位系数 x_{min}。若用齿条型刀具切制齿数 $z \leqslant z_{min}$ 的变位齿轮时。当刀具齿顶线恰好与被切齿轮的啮合极限点 N 重合时,则切割出的齿轮刚好不发生根切。此时其刀具的最小变位系数为

$$z_{min} = h_R^*(z_{min} - z)/z_{min}$$

(2)变位齿轮的基本参数及几何尺寸计算。变位齿轮基本参数的特点是较标准齿轮多了一个变位系数 z;而其几何尺寸与相同参数的标准齿轮的尺寸比较:它们的分度圆和基圆尺寸相同;它们的齿廓是同一渐开线上的不同段,即正变位齿轮为远离基圆的一段渐开线,而负变位齿轮为靠近基圆的一段渐开线;它们的齿厚、齿槽宽不相同,即

$$s = (\pi/2 + 2x\tan\alpha)m, \quad e = (\pi/2 - 2x\tan\alpha)m$$

但齿距却相同;它们的齿顶高和齿根高不相同,即

$$h_a = (h_a^* + x)m, \quad h_f = (h_a^* + c^* - x)m$$

因而齿顶圆和齿根圆也不同。至于其他几何尺寸的计算与直齿轮相类似。

8.渐开线标准斜齿圆柱齿轮

学习渐开线斜齿圆柱齿轮机构时,应注意和直齿圆柱齿轮机构进行比较,找出它们之间的异同。

(1)基本参数及几何尺寸计算。和渐开线标准直齿圆柱齿轮相比,斜齿圆柱齿轮多一个基本参数螺旋角 β,并且其模数、压力角、齿顶高系数及齿顶隙系数有法面和端面之分。斜齿圆柱齿轮的法面参数 m_n, a_n. 为标准值,螺旋角 β 有左、右旋之分(一般用正、负号来区分之)。

斜齿圆柱齿轮的几何尺寸计算和直齿轮相似,用斜齿轮的端面参数 m_t, α_t, h_t^* 及 c_t^* 代替直齿轮几何尺寸计算公式中的 m, α, h_t^* 及 c^*。并进一步把端面参数换算成法面参数即可得到斜齿圆柱齿轮的几何尺寸计算公式。法面参数与端面参数的关系为

$$m_n = m_t\cos\beta, \quad \tan a_n = \tan a_c\cos\beta, \quad h_{at}^* = h_{an}^*\cos\beta, \quad c_t^* = c_n^*\cos\beta$$

(2)正确啮合条件。斜齿圆柱齿轮传动的正确啮合条件为

$$m_{t1} = m_{t2} = m_t(\text{或 } m_{n1} = nt_{n2} = m_n), \quad \alpha_{t1} = \alpha_{t2} = \alpha_t$$

(3)斜齿圆柱齿轮的当量齿轮。当用仿形法切制斜齿圆柱齿轮时,其刀具刀刃的形状应与斜齿轮的法面齿形相当;在计算斜齿轮强度时,其轮齿的强度是按其法面齿形来计算的。因此,需要找出一个与斜齿轮法面齿形相当的直齿轮来。为此,让齿轮的模数、压力角、齿顶高因数及顶隙因数分别等于斜齿轮的法面模数、法面压力角、法面齿顶高因数及法面顶隙因数,标准斜齿轮不发生根切的最少齿数为

$$z_{min} = z_{vmin}\cos^3\beta = 17\cos^3 k\beta \tag{8.9}$$

由此可见,斜齿轮的最少齿数比直齿轮齿数要少,因而斜齿轮机构更加紧凑。

9.直齿圆锥齿轮传动

了解标准直齿锥齿轮传动的基本特点和标准直齿锥齿轮尺寸计算的理论方法,在弄懂基本原理的基础上,了解标准直齿锥齿轮传动几何参数的计算;了解圆锥齿轮传动当轴夹角为

$\sum=\delta_1+\delta_2=90$ 时，$i_{12}=\dfrac{\omega_1}{\omega_2}=\dfrac{z_2}{z_1}=\dfrac{1}{\tan\delta_1}=\tan\delta_2$，其转向可按两轮在其节点处速度相等来确定；了解当量齿数的基本概念。

圆锥齿轮几何尺寸计算以其大端为基准，其大端齿形与其背锥展开成的扇形齿轮补足后的圆柱齿轮的齿形相同。

限于学时，圆锥齿轮传动内容只要求了解传动结构特点、应用，理解背锥和当量齿数的概念，至于其几何尺寸及强度计算可不学或选学。

10. 蜗杆蜗轮机构

(1) 蜗杆蜗轮机构的基本参数。蜗杆蜗轮机构用来传递两交错轴之间的运动和动力，两轴的交错角 $\sum$ 通常等于 $90°$。蜗杆及蜗轮的基本参数有：模数 m，压力角 α，蜗杆直径系数 q，导程角 γ，蜗杆头数 Z_1，蜗轮齿数 Z_2，齿顶高系数 h_a^* 及齿顶隙系数 c^*。这里的模数 m 和压力角 α 指的是主平面内的模数和压力角，即 $m=m_{a1}=m_{t2}$，$\alpha=\alpha_{a1}=\alpha_{t2}$。$m_{a1}$ 和 m_{t2} 分别是蜗杆轴面和蜗轮端面的模数，α_{a1} 和 α_{a2}，蜗轮螺旋 $\beta_2=\gamma_0$ 分别是蜗杆轴面和蜗轮端面的压力角；为减少备用的刀具数量，引入蜗杆直径系数 q，$q=d/m_{a1}$

蜗轮压力角采用标准压力角 $20°$，在动力传动中允许增大压力角，推荐用 $25°$；在分度传动中，允许减小压力角，推荐 $15°$ 或 $12°$。

(2) 蜗杆与蜗轮的几何尺寸计算。与圆柱齿轮基本相同。需注意以下几个问题：

1) 蜗杆导程角 $\gamma(\tan\gamma=mz_1/d_1)$ 是蜗杆分度圆柱上螺旋线的切线与蜗杆端面之间的夹角，γ 与螺杆螺旋角 β_1 的关系为 $\gamma=90°-\beta$ 蜗轮的螺旋角 $\beta_2=\gamma$。γ 大则传动效率高，当 γ 小于啮合齿间当量摩擦角 φ_v 时，机构自锁。

2) 引入蜗杆直径系数 q 的意义：为了限制蜗轮滚刀的数目，使蜗杆分度圆直径进行了标准化。m 一定时，q 大则 d 大，蜗杆轴的刚度及强度相应增大；z_1 一定时，q 小则导程角 γ 增大，传动效率相应提高。

3) 蜗杆头数 z_1 推荐值为 1,2,4,6，当 z_1 取小值时，其传动比大，且具有自锁性；当 z_1 取大值时，传动效率高。

4) 蜗杆蜗轮机构传动比不等于 d_2/d_1，而是：$i_{12}=\omega_1/\omega_2=z_2/z_1=(d_1/d_2)\tan\gamma=(d_1/d_2)\tan\beta_2$ 蜗杆蜗轮机构的中心距不等于 $m(z_1+z_2)/2$，而是：$a=m(q+z_2)/2$。即和直齿轮、斜齿轮机构不同的。

5) 蜗杆蜗轮，它们的转向关系可用左右手定则来判定，即蜗杆为右旋时用右手（左旋用左手），四指顺着蜗杆的转动方向空握成拳，与大拇指指向相反的方向就表示蜗轮在啮合点的线速度方向，由此便可确定蜗轮的转向。

(3) 蜗杆蜗轮的正确啮合条件。蜗杆的轴面模数 m_{a1} 和轴面压力角 α_{a1} 分别等于蜗轮的端面模数 m_{t2} 和端面压力角 α_{t2}，即 $m_{a1}=m_{t2}$，$\alpha_{a1}=\alpha_{t2}$。

(4) 蜗杆蜗轮传动的特点 ① 传动平稳，啮合冲击小；② 单级传动可获得较大的传动比，且结构紧凑；③ 滑动摩擦大，传动效率低，出现发热现象，常需用较贵的减摩耐磨材料制造，成本较高；④ 当蜗杆导程角 γ 小于啮合轮齿间当量摩擦角 φ_v 时，机构反行程具有自锁性。

11. 本章重点知识结构

本章重点知识结构见表 8.1。

表8.1　本章重点知识结构

齿轮机构

齿轮机构类型
- 两轴平行的齿轮机构（圆柱齿轮机构）
  - 直齿圆柱齿轮机构（外啮合、内啮合、齿轮齿条）
  - 斜齿圆柱齿轮机构（外啮合、内啮合、齿轮齿条）
- 两轴相交的齿轮机构（圆锥齿轮机构）
  - 直齿圆锥齿轮机构
  - 曲齿圆锥齿轮机构
- 两轴交错的齿轮机构
  - 交错轴斜齿轮机构
  - 蜗轮蜗杆机构

渐开线齿廓
- 渐开线的形成：直线在圆上作纯滚动时，直线上任一点的轨迹
- 渐开线的五大特性
  - ① 发生线在基圆上滚过的长度等于基圆上被滚过的弧长
  - ② 渐开线上的法线与基圆相切
  - ③ 渐开线上任一点压力角的斜纹为基圆半径与该点向径之比
  - ④ 渐开线的形状决定于基圆的大小，基圆大渐开线越平直
  - ⑤ 基圆内无渐开线
- 渐开性齿廓的特点
  - 渐开线齿廓能满足定角速比传动条件
  - 渐开线齿轮传动具有可分性
  - 渐开线齿轮和传动具有正压力方向不变性

渐开线直齿圆柱齿轮传动
- 齿轮各部分名称及几何尺寸计算
- 基本参数：齿数、模数、压力角、齿顶高系数、顶隙系数
- 最小齿数：正常齿制标准齿轮最少齿数为17，短齿制最少齿数为14
- 啮合传动
  - 正确啮合条件：模数相等，压力角相等
  - 连续传动条件：重合度大于1（标准齿轮均满足，不必验算）
  - 标准中心距：无齿侧间隙、标准顶隙（两分度圆相切，与节圆重合）

渐开线齿轮的切齿原理
- 切齿方法
  - 成形法（盘形铣刀、指状铣刀）
  - 范成法
    - 常用刀具：齿轮插刀、齿条插刀、齿轮滚刀
    - 主要运动：范成运动、切削运动、送进运动、让刀运动
- 根切
  - 根切现象：齿廓根部的渐开线被切去一部分
  - 根切原因：标准齿轮发生根切的原因是齿数太少

变位齿轮机构
- 齿轮变位原因：加工较少齿数齿轮、改变中心距、改变齿根强度
- 变位齿轮的切制：刀具的分度线或分度圆不再与轮坯分度圆相切
- 变位齿轮的几何尺寸：齿数、模数、压力角、齿距不变
- 变位齿轮传动：等移距变位齿轮传动、不等移距变位齿轮传动

斜齿圆柱机构
- 斜齿轮的基本参数：齿数、模数、压力角、齿顶高系数、顶隙系数、螺旋角
- 几何尺寸：法面参数为标准值，端面参数用于几何尺寸计算
- 当量齿轮的当量齿数 $z_v = \dfrac{z}{\cos^3 \beta}$，不发生相切的最少齿数 $z_{min} = z_{vmin} \cos^2 \beta$
- 啮合传动
  - 正确啮合条件：模数相等、压力角相等、螺旋角大小相等、方向相反
  - 重合度：啮合弧与齿距之比
  - 中心距：中心距可通过调整螺旋角的大小来改变

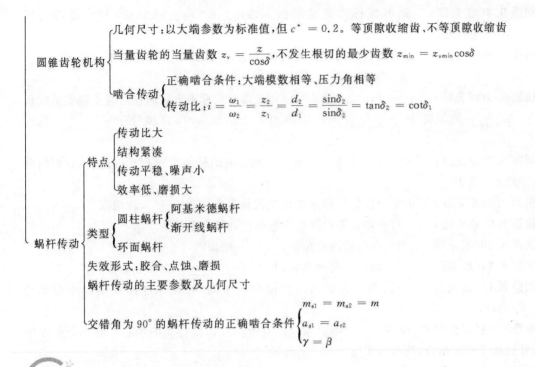

几何尺寸：以大端参数为标准值，但 $c^* = 0.2$。等顶隙收缩齿、不等顶隙收缩齿

圆锥齿轮机构 — 当量齿轮的当量齿数 $z_v = \dfrac{z}{\cos\delta}$，不发生根切的最少齿数 $z_{\min} = z_{v\min}\cos\delta$

啮合传动 $\begin{cases} \text{正确啮合条件：大端模数相等、压力角相等} \\ \text{传动比：} i = \dfrac{\omega_1}{\omega_2} = \dfrac{z_2}{z_1} = \dfrac{d_2}{d_1} = \dfrac{\sin\delta_2}{\sin\delta_1} = \tan\delta_2 = \cot\delta_1 \end{cases}$

特点
- 传动比大
- 结构紧凑
- 传动平稳、噪声小
- 效率低、磨损大

蜗杆传动

类型 $\begin{cases} \text{圆柱蜗杆} \begin{cases} \text{阿基米德蜗杆} \\ \text{渐开线蜗杆} \end{cases} \\ \text{环面蜗杆} \end{cases}$

失效形式：胶合、点蚀、磨损

蜗杆传动的主要参数及几何尺寸

交错角为 90° 的蜗杆传动的正确啮合条件 $\begin{cases} m_{a1} = m_{s2} = m \\ a_{a1} = a_{r2} \\ \gamma = \beta \end{cases}$

8.4　本章考点及典型例题分析

1. 本章考点

本章内容非常丰富，是重点章节之一。考题有难度。考点分布在以下几方面：

（1）齿廓啮合基本定律；

（2）渐开线的性质，渐开线直齿圆柱齿轮啮合原理；

（3）标准直齿圆柱齿轮几何尺寸的计算；

（4）齿轮的切削加工原理、根切现象及最小齿数；

（5）变位齿轮的设计；

（6）用图解法和解析法求重合度，重合度的意义；

（7）斜齿圆柱齿轮的特点及设计计算；

（8）当量齿轮、当量齿数及其用途；

（9）蜗轮蜗杆传动的特点、设计计算及旋向的确定。

以上介绍的基本点以填空、选择、判断、简答等题型出现，计算大题多以受力分析和简单的设计计算为主。

2. 典型例题分析（参考答案附例题后）

例题 8.1（填充题）　渐开线标准齿轮的齿根圆_____基圆。

例题 8.2（填充题）　一对渐开线圆柱齿轮传动，其_____圆总是相切并作纯滚动，而两轮的中心距不一定等于两轮的_____圆半径之和。

例题 8.3（填充题）　一对渐开线标准直齿圆柱齿轮按标准中心距安装时，两轮的节圆分别与其_____圆重合。

例题 8.4（填充题） 渐开线标准齿轮是指 m, α, h_a^*, c^* 均为标准值，且分度圆齿厚_____齿槽宽的齿轮。

例题 8.5（填充题） 渐开线直齿圆柱齿轮与齿条啮合时，其啮合角恒等于齿轮_____上的压力角。

例题 8.6（填充题） $m = 4 \text{ mm}, \alpha = 20°$ 的一对正常齿制标准直齿圆柱齿轮正确安装时顶隙等于_____：侧隙等于_____：当中心距加大 0.5 mm 时，顶隙等于_____：侧隙_____于 0。

例题 8.7（填充题） 用同一把刀具加工 m, z, α 均相同的标准齿轮和变位齿轮，它们的分度圆、基圆和齿距均_____。

例题 8.8（填充题） 正变位齿轮与标准齿轮比较其齿顶高_____，齿根高_____。

例题 8.9（填充题） 一对外啮合斜齿圆柱齿轮的正确啮合条件为_____。

例题 8.10（填充题） 增大斜齿轮螺旋角使_____增加。

例题 8.11（填充题） 斜齿轮具有两种模数，其中以_____作为标准模数。

例题 8.12（填充题） 斜齿圆柱齿轮的齿顶高和齿根高，无论从法面或端面来看都是_____的。

例题 8.13（填充题） 要求一对外啮合渐开线直齿圆柱齿轮传动的中心距略小于标准中心距，并保持无侧隙啮合，此时应采用_____传动。

例题 8.14（填充题） 直齿锥齿轮的几何尺寸通常都以_____作为基准。

例题 8.15（填充题） 当两轴线_____时，可采用蜗杆传动。

例题 8.16（填充题） 蜗轮蜗杆传动的中心距 $a = $_____。

例题 8.17（填充题） 蜗杆传动中，蜗轮的转向取决于_____。

例题 8.18（填充题） 阿基米德蜗杆的_____模数应符合标准数值。

例题 8.19（填充题） 计算蜗杆传动的传动比时公式是_____。

例题 8.20（填充题） 蜗杆的标准模数和标准压力角在_____面，蜗轮的标准模数和压力角在_____面。

例题 8.21（判断题） 齿数 $z > 17$ 的渐开线直齿圆柱齿轮用范成法加工时，即使变位系数 $x < 0$，也一定不会发生根切。 （ ）

例题 8.22（判断题） 一对渐开线直齿圆柱齿轮，在无侧隙啮合传动时，当中心距 $a = \frac{m}{2}(z_1 + z_2)$ 时，则一定是一对标准齿轮传动。 （ ）

例题 8.23（判断题） 根据渐开线性质，基圆之内没有渐开线，所以渐开线齿轮的齿根圆必须设计得比基圆大些。 （ ）

例题 8.24（判断题） 当一对直齿圆柱齿轮的中心距改变后，这对齿轮的节圆半径也随之改变。 （ ）

例题 8.25（判断题） 齿轮的传动比总是等于两轮齿数的反比，所以任何齿廓曲线的齿轮都可保证恒定的传动比。 （ ）

例题 8.26（判断题） 在设计用于传递平行轴运动的齿轮机构时，若中心距不等于标准中心距，则只能采用变位齿轮来配凑实际中心距。 （ ）

例题 8.27（判断题） 一对标准齿轮只有在标准中心距情况下啮合传动时，啮合角的大小

才等于分度圆压力角。 （　　）

例题 8.28（判断题）　齿条是相当于齿数为无穷多的齿轮,那么齿条与齿轮啮合时,其重合度当为无穷大。 （　　）

例题 8.29（判断题）　当不发生根切的最小变位系数为负值时,该齿轮就应该负变位。

（　　）

例题 8.30（判断题）　组成正传动的齿轮应是正变位齿轮。 （　　）

例题 8.31（判断题）　一对斜齿轮啮合时,齿面的按触线与斜齿轮的轴线平行。 （　　）

例题 8.32（判断题）　由于平行轴斜齿圆柱齿轮机构的几何尺寸在端面计算,所以基本参数的标准值规定在端面。 （　　）

例题 8.33（判断题）　斜齿圆柱齿轮的端、法面模数的关系为:$m_a = m_f / \cos\beta$。 （　　）

例题 8.34（判断题）　圆锥齿轮的当量齿数大于齿轮的实际齿数。 （　　）

例题 8.35（判断题）　锥齿轮的正确啮合条件是两齿轮的大端模数和压力角分别相等。

（　　）

例题 8.36（判断题）　一对直齿锥齿轮的正确安装条件是两轮锥顶交于一点,轴交角 $\sum = \delta_1 + \delta_2 = 90°$,锥距相等 $R_1 = R_2$。 （　　）

例题 8.37（判断题）　蜗杆传动通常用于减速装置。 （　　）

例题 8.38（判断题）　蜗杆传动一般用于传递大功率、大传动比。 （　　）

例题 8.39（判断题）　蜗杆的传动效率与其头数无关。 （　　）

例题 8.40（判断题）　蜗杆传动不具有自锁作用。 （　　）

例题 8.41（判断题）　蜗杆头数多则传动效率高。 （　　）

例题 8.42（判断题）　蜗杆传动与齿轮传动相比,传动效率高。 （　　）

例题 8.43（判断题）　为了使蜗杆传动中的蜗轮转速降低一倍,可以不用另换蜗轮,而只须换一个双头蜗杆以代替原来的单头蜗杆。 （　　）

例题 8.44（判断题）　蜗杆的标准参数在轴面,蜗轮的标准参数在端面。 （　　）

例题 8.45（选择题）　要实现两相交轴间之间的传动,可采用（　　）。

A 直齿圆锥齿轮传动　　B. 蜗杆齿轮传动　　C. 直齿圆柱齿轮传动　　D. 斜齿圆柱齿轮传动

例题 8.46（选择题）　要实现两轴空间交错的传动,可采用（　　）。

A. 蜗杆齿轮传动　　　　　　　　B. 斜齿圆柱齿轮传动

C. 直齿圆锥齿轮传动　　　　　　D. 直齿圆柱齿轮传动

例题 8.47（选择题）　渐开线直齿圆柱齿轮传动的可行性是指（　　）不受中心距变化的影响。

A. 节圆半径　　　　　B. 传动比　　　　　C. 啮合角

例题 8.48（选择题）　直齿圆柱齿轮的齿根圆直径（　　）大于基圆直径

A. 一定　　　　　　　B. 不一定　　　　　C. 一定不。

例题 8.49（选择题）　负变位齿轮的分度圆齿距（周节）应是（　　）πm。

A. 大于　　　　　　　B. 等于　　　　　C. 小于　　　　　　　D. 等于或小于

例题 8.50（选择题）　在蜗杆传动中,当其他条件相同时,增加蜗杆头数 z_1,则滑动速度（　　）。

A. 增大　　　　　　　B. 减低　　　　　C. 不变　　　　　　　D. 增大,也可能减小

例题 8.51（选择题）　在蜗杆传动中,当需要自锁时,应使蜗杆导程角（　　）当量摩擦角。

A. 大于　　　　　　　　　B. 小于　　　　　　　　　C. 等于

例题 8.52（选择题）　在蜗杆传动中,蜗杆的（　　）模数和蜗轮的端面模数应相等,并为标准值。

A. 轴面　　　　　　　B. 法面　　　　　　　C. 端面　　　　　　　D. 以上均不对

例题 8.53（选择题）　对普通蜗杆传动,主要应当计算（　　）内时各几何尺寸。

A. 中间平面　　　　　B. 法面　　　　　　　C. 端面　　　　　　　D. 以上均不是

例题 8.54（选择题）　为使蜗杆传动具有自锁性,应采用（　　）和（　　）的蜗杆。

A. 单头　　　　　　　B. 多头　　　　　　　C. 大导程角　　　　　D. 小导程角

例题 8.55（选择题）　一对相啮合传动的渐开线齿轮,其压力角为（　　）。

A. 基圆上的压力角　　B. 节圆上的压力角　　C. 分度圆上的压力角　　D. 齿顶圆上的压力角

例题 8.56（选择题）　在蜗杆传动中,通常（　　）为主动件。

A. 蜗杆　　　　　　　B. 蜗轮　　　　　　　C. 蜗杆蜗轮都可以

例题 8.57（选择题）　阿基米德蜗杆的（　　）模数应符合标准数值。

A. 法面　　　　　　　B. 端面　　　　　　　C. 轴面

例题 8.58（选择题）　在减速蜗杆传动中（　　）来计算传动比 i 是错误的。

A. $i = \omega_1/\omega_2$　　B. $i = z_2/z_1$　　C. $i = n_1/n_2$　　D. $i = d_2/d_1$

例题 8.59（选择题）　蜗杆传动的正确啮合条件中,应除去（　　）。

A. $m_{a1} = m_{t2}$　　B. $a_{n1} = a_{t2}$　　C. $\beta_1 = \beta_2$　　D. 螺旋方向相同

例题 8.60（选择题）　在蜗杆传动中,引进特性系数 q 的目的是为了（　　）。

A. 便于蜗杆尺寸参数的计算　　　　　B. 容易实现蜗杆转动中心距的标准化

例题 8.61（选择题）　蜗杆的标准模数是指（　　）模数。

A. 端面　　　　　　　B. 法面　　　　　　　C. 轴面

例题 8.62（选择题）　蜗杆传动中,将（　　）与（　　）的比值称为蜗杆直径系数 q。

A. 模数　　　　　B. 齿数 z_1　　　　C. 分度圆直径 d_1　　　D 分度圆直径

E 齿数 z_2　　　　　　F. 周节 p

例题 8.63（选择题）　标准蜗杆传动的中心距 $a = $（　　）。

A. $m(z_1 + z_2)/2$　　B. $(d_{a1} + d_{a2}/2$　　C. $n(q + z_2)/2$

例题 8.64（选择题）　渐开线直齿圆柱外齿轮齿廓根切发生在（　　）场合。

A. 模数较大　　　　　B. 模数较小　　　　　C. 齿数较少

例题 8.65（选择题）　斜齿圆柱齿轮的当量齿数是用来（　　）。

A. 计算传动比　　　　B. 计算重合度　　　　C. 选择盘形铣刀

例题 8.66（选择题）直齿圆锥齿轮（　　）的参数为标准值。

A. 法面　　　　　　　B. 端面　　　　　　　C. 大端

例题 8.67（选择题）　斜齿圆柱齿轮传动比直齿圆柱齿轮传动重合度（　　）。

A. 小　　　　　　　　B. 相等　　　　　　　C. 大

例题 8.68（选择题）　渐开线上某点的压力角是指该点所受正压力的方向与该点（　　）方向线之间的锐角。

A. 绝对速度　　　　　　B. 相对速度　　　　　C. 滑动速度　　　　　D. 牵连速度

例题 8.69（选择题）　正变位齿轮的分度圆齿厚（　　）标准齿轮的分度圆齿厚。

A. 大于　　　　　　　　B. 小于　　　　　　　C. 等于　　　　　　　D. 小于且等于

例题 8.70（选择题）　负变位齿轮的分度圆齿槽宽（　　）标准齿轮的分度圆齿槽宽。

A. 小于　　　　　　　　B. 大于　　　　　　　C. 等于　　　　　　　D. 小于且等于

例题 8.71（简答题）　何谓齿廓啮合基本定理？有何义意？

例题 8.72（简答题）　何谓齿轮模数 m？

例题 8.73（简答题）　何谓齿轮的压力角？何谓啮合角？

例题 8.74（简答题）　决定单个渐开线标准直齿圆柱齿轮几何尺寸的五个基本参数是什么？其中哪些是标准参数值？

例题 8.75（简答题）　节圆与分度圆、啮合角与压力角有什么区别？

例题 8.76（简答题）　何谓重合度？重合度的大小与齿数 z、模数 m、压力角 α、齿顶高系数 h_a^*、顶隙系数 c' 及中心距 a 之间有何关系？

例题 8.77（简答题）　齿轮为什么要进行变位修正？齿轮修正变位后和变位前比较，参数 $z,m,\alpha,h_a,h_f,d,d_a,d_f,d_b,s,e$ 作何变化？

例题 8.78（简答题）　斜齿圆柱齿轮的齿数 z 与模数 m 不变，若增大螺旋角 β，则分度圆直径变化吗？

例题 8.79（简答题）　设计斜齿圆柱齿轮传动时，如何选螺旋角 β？为什么？

例题 8.80（简答题）　何谓直齿同锥齿轮传动？有何特点？

例题 8.81（简答题）　直齿圆锥齿轮正确啮合的条件是什么？

例题 8.82（简答题）　蜗杆传动特点有哪些？

例题 8.83（简答题）　蜗轮蜗杆传动的正确啮合条件是什么？

例题 8.84（简答题）　蜗杆传动有哪些主要的参数？其中哪些参数是标准值？

3. 典型例题参考答案

例题 8.1［等于］　　例题 8.2［节圆：分度圆］　　例题 8.3［分度圆］　　例题 8.4［等于］

例题 8.5［分度圆］例题 8.6［1mm：0：1.5mm；大于］　　例题 8.7［相等］

例题 8.8［增大：减小］

例题 8.9［法面模数、法面压力角相等；螺旋角大小相等、旋向相反。］

例题 8.10［轴向力］　　例题 8.11［法面］　　例题 8.12［相同］　　例题 8.13［负］

例题 8.14［大端］　　例题 8.15［交错］　　例题 8.16 $[a=m(q+z_2)/2]$

例题 8.17［蜗杆的转向与螺旋线方向以及蜗杆与蜗轮的相对位置］

例题 8.18［轴向］　　例题 8.19 $[i_{12}=\omega_1/\omega_2=z_2/z_1=(d_1/d_2)]$　　例题 8.20［轴面：端面］

例题 8.21［(×)］　　例题 8.22［(×)］　　例题 8.23［(×)］　　例题 8.24［(√)］

例题 8.25［(×)］　　例题 8.26［(×)］　　例题 8.27［(√)］　　例题 8.28［(×)］

例题 8.29［(×)］　　例题 8.30［(×)］　　例题 8.31［(√)］　　例题 8.32［(×)］

例题 8.33［(×)］　　例题 8.34［(√)］　　例题 8.35［(√)］　　例题 8.36［(√)］

例题 8.37［(√)］　　例题 8.38［(×)］　　例题 8.39［(×)］　　例题 8.40［(×)］

例题 8.41［(√)］　　例题 8.42［(×)］　　例题 8.43［(×)］　　例题 8.44［(√)］

例题 8.45［(A)］　　例题 8.46［(A)］　　例题 8.47［(B)］　　例题 8.48［(B)］

三导

例题 8.49［(B)］ 例题 8.50［(A)］ 例题 8.51［(B)］ 例题 8.52［(A)］

例题 8.53［(A)］ 例题 8.54［(A)］［(D)］ 例题 8.55［(C)］ 例题 8.56［(A)］

例题 8.57［(C)］ 例题 8.58［(D)］ 例题 8.59［(C)］ 例题 8.60［(B)］

例题 8.61［(C)］ 例题 8.62［(C)］与［(A)］ 例题 8.63［(C)］ 例题 8.64［(C)］

例题 8.65［(C)］ 例题 8.66［(C)］ 例题 8.67［(C)］ 例题 8.68［(A)］

例题 8.69［(A)］ 例题 8.70［(B)］

例题 8.71 答:当一对齿廓在啮合过程中交点 C 位置不变时,瞬时传动比为定值。这一结论称为齿廓啮合的基本定律。作为齿轮的齿廓曲线必须满足这一定律,否则主动轮匀速转动时,从动轮将变速转动,因而产生冲击、振动和噪声,降低齿轮寿命和工作精度。

例题 8.72 答:模数表示轮齿的大小。齿轮模数是指相邻两轮齿同侧齿廓间的齿距 p 与圆周率 π 的比值($m = p/\pi$),以毫米为单位。

例题 8.73 答:压力角是指单个齿轮渐开线上某一点的速度方向与该点法线方向所夹的角。啮合角是指两轮传动时其节点处的速度矢量与啮合线之间所夹的锐角.

例题 8.74 答:直齿圆柱齿轮的基本参数共有:齿数、模数、齿形角、齿顶高系数和顶隙系数 5 个,是齿轮各部分几何尺寸计算的依据。

(1)齿数 z。一个齿轮的轮齿总数。

(2)模数 m。齿距与齿数的乘积等于分度圆的周长,即 $pz = \pi d$,式中 z 是自然数,π 是无理数。为使 d 为有理数的条件是 p/π 为有理数,称之为模数。即:$m = p/\pi$ 模数的大小反映了齿距的大小,也同时反映了齿轮的大小;已标准化。模数是齿轮几何尺寸计算时的一个基本参数。齿数相等的齿轮,模数越大,齿轮尺寸就越大,齿轮就越大,承载能力越强;分度圆直径相等的齿轮,模数越大,承载能力越强。

(3)齿形角 α。在端平面上,通过端面齿廓上任意一点的径向直线与齿廓在该点的切线所夹的锐角称为齿形角,用 α 表示。渐开线齿廓上各点的齿形角不相等,离基圆越远,齿形角越大,基圆上的齿形角 $\alpha = 0°$。对于渐开线齿轮,通常所说的齿形角是指分度圆上的齿形角。国标规定:渐开线齿轮分度圆上的齿形角 $\alpha = 20°$。

(4)齿顶高系数 ha^*。对于标准齿轮,$h_a = h_a^* m$,$h_a^* = 1$

(5)顶隙系数 c^*。当一对齿轮啮合时,为使一个齿轮的齿顶面不与另一个齿轮的齿槽底面相接触,轮齿的齿根高应大于齿顶高,即应留有一定的径向间隙,称为顶隙,用 c 表示。

齿轮的模数 m、压力角 α、齿顶高系数 h_a^* 和齿顶隙系数 c' 均取标准参数值。

例题 8.75 解:节圆是两轮啮合传动时在节点处相切的一对圆。只有当一对齿轮啮合传动时有了节点才有节圆,对于一个单一的齿轮来说是不存在节圆的,而且两齿轮节圆的大小是随两齿轮中心距的变化而变化的。而齿轮的分度圆是一个大小完全确定的圆,不论这个齿轮是否与另一齿轮啮合,也不论两轮的中心距如何变化,每个齿轮都有一个唯一的、大小完全确定的分度圆。

啮合角是指两轮传动时其节点处的速度矢量与啮合线之间所夹的锐角,压力角是指单个齿轮渐开线上某一点的速度方向与该点法线方向所夹的角。根据定义可知,啮合角就是节圆的压力角。对于标准齿轮.当其按标准中心距安装时.由于节圆与分度圆重合,故其啮合角等于分度圆压力角。

例题 8.76 解:重合度:实际啮合线段与齿轮法向齿距的比值即为 ε_a。

重合度的计算公式为

$$\varepsilon_a = \frac{1}{2\pi}\left[z_1(\tan\alpha_{a1} - \tan\alpha') + z_2(\tan\alpha_{a2} - \tan\alpha')\right]$$

由式可见：重合度与模数 m、压力角 α、顶隙系数 c' 无关，而随着齿数的增多、齿顶高系数 h_a^* 的增大、中心距 a 的减小而增大。

例题 8.77 答：标准齿轮传动存在诸多不足：

① 求齿轮齿数 $z \geqslant z_{\min} = 2h_a^*/\sin^2\alpha$，否则会发生根切；

② 标准齿轮不适用于中心距 a' 不等于标准中心距 a 的场合：$a' < 0$ 时，无法安装；$a' > a$ 时，会产生过大的齿侧间隙，影响传动的平稳性，且重合度也会降低；

③ 标准齿轮啮合传动中，由于小齿轮齿廓渐开线的曲率半径较小，齿根厚度较薄，参与啮合次数较多，强度较低，影响整个齿轮传动的承载能力。

为了改善标准齿轮传动的不足，就需突破标准齿轮的限制，对齿轮进行必要的变位修正。

为了改善和解决标准齿轮存在的不足之处，就必须突破标准齿轮的限制，对齿轮进行变位修正。修正变位后：不变的量：z, m, α, d, d_b 变大的量：h_a, d_a, d_f, s 变小的量：h_f, e

例题 8.78 答：斜齿圆柱齿轮的齿数 z 与模数 m 不变，若增大螺旋角 β，则分度圆直径增大。

例题 8.79 答：为了不使轴承承受过大的轴向力，斜齿圆柱齿轮的螺旋角 β 不宜选的过大，常在 $\beta = 8° \sim 20°$ 之间选择。

例题 8.80 答：锥齿轮传动用来传递两相交轴之间的运动和动力，在一般机械中，锥齿轮两轴之间的交角 $\sum = 90°$。

特点：① 传递相交轴间的运动和动力；② 齿廓为球面渐开线；③ 模数是变化的，由大端 → 小端：m 由大变小；④ 制造精度不高，加工较困难（v 不宜过高）。

例题 8.81 答：一对直齿圆锥齿轮的正确啮合要求是：两齿轮大端端面模数相同，两齿轮大端端面齿形角相等。

例题 8.82 答：蜗杆传动通常用于传递空间交错 90° 的两轴之间的运动和动力，蜗杆传动具有以下特点：

（1）单级传动比大，结构紧凑。

（2）因为蜗杆齿是连续不断的螺旋齿，与蜗轮轮齿的啮合过程是连续的，而且同时啮合的齿对数较多，因此传动平稳，噪声小。

（3）可以实现自锁。当蜗杆导程角 γ 小于其齿面间的当量摩擦角 ρ' 时，将形成自锁。

（4）传动效率低。由于蜗杆蜗轮的齿面间存在较大的相对滑动，所以摩擦大，热损耗大，传动效率低。η 通常为 $0.7 \sim 0.9$，自锁时啮合效率 $\eta < 0.5$。

（5）蜗轮常用贵重的减摩材料制造（如铜合金），成本较高。

例题 8.83 答：圆柱蜗杆传动正确啮合的条件是：在中间平面上，即蜗杆的轴向模数 m_{a1} 等于蜗轮的端面模数 m_{t2}；蜗杆的轴面压力角 α_{a1}，等于蜗轮的端面压力角 α_{r2}，并且模数和压力角均为标准值；蜗杆导程角 γ，等于蜗轮的螺旋角 β，且螺旋线的方向相同。

例题 8.84 答：普通圆柱蜗杆的主要参数有：模数、压力角、蜗杆的分度圆直径、蜗杆头数、导程角、传动比和齿数比、蜗轮齿数、蜗杆传动的中心距。前 4 项是标准值。

8.5   复习题与习题参考答案

8.1   什么是节圆? 什么是分度圆? 两者有什么关系?

答:节圆是两轮啮合传动时在节点处相切的一对圆。只有当一对齿轮啮合传动时有了节点才有节圆,对于一个单一的齿轮来说是不存在节圆的,而且两齿轮节圆的大小是随两齿轮中心距的变化而变化的。而齿轮的分度圆是一个大小完全确定的圆,不论这个齿轮是否与另一齿轮啮合,也不论两轮的中心距如何变化,每个齿轮都有一个唯一的、大小完全确定的分度圆。

8.2   渐开线具有哪些重要的性质? 渐开线齿轮传动具有哪些优点?

答:性质:① 发生线沿基圆滚过的长度与基圆上被滚过的一段圆弧相等;② 渐开线上任意一点的法线与基圆相切;③ 发生线与基圆的切点 B 是渐开线上 K 点的曲率中心,而线段 BK 是渐开线上 K 点的曲率半径;④ 渐开线的形状取决于基圆的大小;⑤ 基圆内无渐开线。

优点:① 能保证定传动比传动且具有可分性;② 渐开线齿廓之间的正压力方向不变。

8.3   齿轮传动要匀速、连续、平稳地进行必须满足哪些条件?

答:齿廓啮合基本定律、正确啮合条件、连续传动条件。

8.4   什么叫直齿轮的重合度? 直齿轮传动连续传动的条件是什么?

答:重合度的大小表示一对齿轮传动过程中同时在啮合线上啮合的对数。

直齿轮传动连续传动的条件是:齿轮传动的重合度大于等于1。一般取 $\varepsilon=1.1\sim1.4$。

8.5   当渐开线标准直齿圆柱齿轮的齿根圆和基圆重合时,其齿数约为若干? 若实际齿数大于求出的数值,齿根圆和基圆哪一个大?

答:$d_b=mz\cos\alpha$ $d_f=m(z\times2h_a^*-2c^*)$

由 $d_f\geqslant d_b$ 得

$$z\geqslant\frac{2(ha^*+c^*)}{(1-\cos\alpha)}=\frac{2(1+0.25)}{1-\cos20°}=41.45$$

当基圆与齿根圆重合时 $z'=41.15$;

当 $z\geqslant42$ 时,齿根圆大于基圆。

8.6   具有标准中心距的标准齿轮传动具有哪些特点?

答:若两齿轮传动的中心距刚好等于两齿轮节圆半径之和,则称此中心距为标准中心距。按此中心距安装齿轮传动称为标准安装。

(1)两齿轮的分度圆将分别与各自的节圆重合。

(2)轮齿的齿侧间隙为零。

(3)顶隙刚好为标准顶隙,即 $c=c^*m=0.25m$。

8.7   节圆与分度圆、啮合角与压力角有什么区别?

解:(1)节圆与分度圆的区别:节圆是一对齿轮在啮合传动时两个相切作纯滚动的圆。

分度圆是指单个齿轮具有标准模数和标准压力角,齿厚等于齿槽宽的圆。分度圆由齿轮的模数和齿数确定,在设计齿轮时已确定。节圆不仅与分度圆的大小有关,而且与一对齿轮安装时的实际中心距有关。一般情况下,节圆半径和分度圆半径不等,节圆和分度圆不重合。只有在标准安装时,才有节圆与分度圆重合。

(2) 啮合角与压力角的区别:啮合角是指一对齿轮啮合时,啮合线与两个节圆公切线之间所夹的锐角,啮合角不随齿轮啮合过程而发生变化。压力角是指单个齿轮齿廓上某点所受的正压力方向与该点速度方向所夹的锐角,同一齿廓上各点压力角大小不等。相啮合的一对齿轮,按标准中心距安装时,其啮合角等于分度圆压力角。

8.8 齿轮传动要匀速、连续、平稳地进行必须满足哪些条件?

答:齿廓啮合基本定律、正确啮合条件、连续传动条件。

8.9 何谓根切?为什么要避免根切?如何避免?

解:根切现象:用范成法切制齿轮时,有时刀具的顶部会过多的切入轮齿根部,而将齿根的渐开线切去一部分,这种现象称为轮齿的根切。

危害:降低轮齿的抗弯强度,可能会使齿轮传动的重合度减小,对传动不利。

避免方法:① 保证使被切齿轮不发生根切的最小齿数 $z_{min} = 2h_a^* / \sin^2 \alpha$,其中,$\alpha$ 为压力角,h_a^* 为齿顶高系数;② 采用变位修正法;③ 减小齿顶高系数 f 及增大压力角。

8.10 斜齿轮传动具有哪些优点?可用哪些方法来调整斜齿轮传动的中心距?

答:① 啮合性能好,减小制造误差对传动的影响。② 重合度大,降低每对轮齿的载荷,从而提高了齿轮的承载能力,延长了齿轮的使用寿命,并使传动平稳。③ 结构紧凑。

在设计斜齿轮传动时,可以用改变螺旋角 β 的办法来调整中心距的大小。

8.11 斜齿轮传动正确啮合的条件是什么?

答:斜齿圆柱齿轮传动的正确啮合条件为

$$m_{t1} = m_{t2} = m_t (\text{或 } m_{n1} = nt_{n2} = m_n), \quad a_{t1} = a_{t2} = a_t$$

8.12 什么是斜齿轮的当量齿轮?为什么要提出当量齿轮的概念?

答:是指与斜齿轮法面齿形相当的直齿轮。

当用仿形法切制斜齿圆柱齿轮时,其刀具刀刃的形状应与斜齿轮的法面齿形相当;在计算斜齿轮强度时,其轮齿的强度是按其法面齿形来计算的。因此,需要找出一个与斜齿轮法面齿形相当的直齿轮来。为

8.13 什么是直齿锥齿轮的背锥和当量齿轮?一对锥齿轮大端的模数和压力角分别相等是否是其能正确啮合的充要条件?

答:背锥:两分度圆锥的底圆与球面相切的圆锥。

当量齿轮:将背锥近似齿形展开的扇形不完全齿轮补全的直齿轮。

一对锥齿轮大端的模数和压力角分别相等是其能正确啮合的必要条件,其充要条件还应加上:保证两轮的锥距相等,锥顶重合。

8.14 何谓蜗杆传动的中间平面?蜗杆传动的正确啮合条件是什么?

答:过蜗杆的轴线作一平面垂直于蜗轮的轴线,该平面对于蜗杆是轴面,对于蜗轮是端面,这个平面称为蜗杆传动的中间平面。在此平面内蜗轮与蜗杆的啮合就相当于齿轮与齿条的啮合。

蜗杆的轴面模数和轴面压力角分别等于蜗轮的端面模数和端面压力角。

8.15 蜗杆传动可用作增速传动吗?

答:通常以蜗杆为原动件作减速运动。当其反形成不自锁时,也可以蜗轮为原动件作增速运动。但效率低,经济上不合算。

8.16 设有一渐开线标准齿轮。$z = 26, m = 3$ mm, $h_a^* = 1, \alpha = 20°$,求其齿廓曲线在分度

圆和齿顶圆上的曲率半径及齿顶圆压力角。

答：$r_b = \dfrac{mz}{2}\cos\alpha = 36.648$，　$r_a = \dfrac{m(z+2)}{2} = 42$

分度圆曲率半径：　　　　　　　　$\rho = r_b\tan\alpha = 36.648\tan20° = 13.34$

齿顶圆曲率半径：　　　　　　　　$\rho_a = r_b\tan\alpha_a = 36.648\tan29.24° = 20.515$

齿顶圆压力角：　　　　　　　　　$\alpha_a = \arccos\dfrac{r_b}{r_a} = 29.24°$

8.17　在一机床的主轴箱中有一直齿圆柱渐开线标准齿轮，发现该齿轮已经损坏，需要重做一个齿轮更换，试确定这个齿轮的模数。经测量，其压力角 $\alpha = 20°$，齿数 $z = 40$，齿顶圆直径 $d_a = 83.82$ mm，跨 5 齿的公法线长度 $L_5 = 27.512$ mm，跨 6 齿的公法线长度 $L_6 = 33.426$ mm。

答：$p_b = L_6 - L_5 = 33.426 - 27.512 = 5.914$，　$m = \dfrac{p_b}{\pi\cos20°} = \dfrac{5.914}{\pi\cos20°} = 2$

8.18　已知一对渐开线标准外啮合圆柱齿轮传动的模数 $m = 5$ mm，压力角 $\alpha = 20°$，中心距 $a = 350$ mm，传动比 $i_{12} = 9/5$，试求两轮的齿数、分度圆直径、齿顶圆直径、基圆直径以及分度圆上的齿厚和齿槽宽。

答：因为 $a = \dfrac{m}{z}\left(z_1 + \dfrac{9}{5}z_1\right) = 350$，所以有，$z_1 = 50, z_2 = 90$，

分度圆直径：$d_1 = mz_1 = 5 \times 50 = 250$，　$d_2 = mz_2 = 5 \times 90 = 450$

齿顶圆直径：$d_{a1} = m(z_1 + 2h_a^*) = 260$，　$d_{a2} = m(z_2 + 2h_a^*) = 460$

基圆直径：$d_{b1} = mz_1\cos\alpha = 234.92$，　$d_{b2} = mz_2\cos\alpha = 422.86$

齿厚：$s = \dfrac{\pi m}{2} = 10\pi = 31.416$，齿槽宽：$e = \dfrac{\pi m}{2} = 5\pi = 15.708$

8.19　已知一对外啮合变位齿轮传动的 $z_1 = z_2 = 12, m = 10$ mm，$\alpha = 20°$，$h_a^* = 1$。试求 $a' = 125$ mm 时两轮的啮合角 α'。又当啮合角 $\alpha' = 20°30'$ 试求其中心距 a'。

答：(1) 求啮合角 α，有

$$a = \frac{m(z_1 + z_2)}{2} = \frac{10 \times (12 + 12)}{2} = 120 \text{ mm}$$

$$\alpha' = \arccos\left(\frac{a}{a'}\cos\alpha\right) = \arccos\left(\frac{120}{125} \times \cos20°\right) = 25.56°$$

(2) 当 $\alpha' = 22°30'$ 时，中心距 a' 为

$$a' = a\frac{\cos\alpha}{\cos\alpha'} = 120 \times \frac{\cos 20°}{\cos 20°30'} = 120.387 \text{ mm}$$

8.20　已知一对外啮合变位齿轮传动的 $z_1 = z_2 = 12, m = 10$ mm，$\alpha = 20°$，$h_a^* = 1$，$a' = 130$ mm。试设计这对齿轮（取 $x_1 = x_2$）。

答：(1) 确定传动类型：

$$a = \frac{m(z_1 + z_2)}{2} = \frac{10 \times (12 + 12)}{2} = 120 \text{ mm} < a' = 130 \text{ mm}$$

故此传动比应为正传动。

(2) 确定两轮变位系数，有

$$\alpha' = \arccos\left(\frac{a}{a'}\cos\alpha\right) = \arccos\left(\frac{120}{130} \times \cos 20°\right) = 29°50'$$

$$x_1 + x_2 = \frac{(z_1 + z_2)(\cos\alpha' - \cos\alpha)}{2\tan\alpha} = \frac{(12 + 12)(\cos 29°50' - \cos 20°)}{2\tan 20°} = 0.294$$

计算几何尺寸,有

$$y = (a' - a)/m = 1.0$$

$$\Delta y = x_1 + x_2 - y = 0.249$$

$$h_{a1} = h_{a2} = (h_a^* + x - \sigma)m = 13.755 \text{ mm}$$

$$h_{f1} = h_{f2} = (h_a^* + c^* - x)m = 6.255 \text{ mm}$$

$$d_1 = d_2 = mz_1 = 120 \text{ mm}$$

$$d_{a1} = d_{a2} = d_1 + 2h_{a1} = 147.51 \text{ mm}$$

$$d_{f1} = d_{f2} = d_1 - 2h_{f1} = 107.49 \text{ mm}$$

$$d_{b1} = d_{b2} = d_1 \cos\alpha = 112.763 \text{ mm}$$

$$s_1 = s_2 = (\pi/2 + 2x\tan\alpha)m = 20.254$$

8.12 设已知一对斜齿轮传动的 $z_l = 20$,$z_2 = 40$,$m_n = 8$ mm,$\beta = 15°$(初选值)。$B = 30$ mm,$h_{an}^* = 1$。试求 a(应圆整。并精确重算 β)、ε_γ 及 z_{v1},及 z_{v2}。

答:(1) 计算中心距 $a = \dfrac{m_n(z_1 + z_2)}{2\cos\beta} = \dfrac{8 \times (20 + 40)}{2\cos 15°} = 248.466 \text{mm}$ 取 $a = 250 \text{mm}$

(2) $\beta = \arccos \dfrac{m_n(z_1 + z_2)}{2a} = \arccos \dfrac{8 \times (20 + 40)}{2 \times 250} = 16°15'37''$

(3) 计算重合度 ε,有

$$\alpha_t = \arctan(\tan\alpha_n / \cos\beta) = \arctan(\tan 20° / \cos 16°15'37'') = 20°45'49''$$

$$\alpha_{a1} = \arccos(d_{b1}/d_{a1}) = \arccos(155.84/182.67) = 31°24'49''$$

$$\alpha_{a2} = \arccos(d_{b2}/d_{a2}) = \arccos(311.69/349.33) = 26°50'33''$$

$$\varepsilon_\alpha = \frac{1}{2\pi}[z_1(\tan\alpha_{a1} - \tan\alpha_t) + z_2(\tan\alpha_{a2} - \tan\alpha_t)] = 1.59$$

$$\varepsilon_\beta = B\sin\beta / \pi m_n = 30\sin 16°15'37'' / 8\pi = 0.332$$

$$\varepsilon_r = \varepsilon_\alpha + \varepsilon_\beta = 1.59 + 0.33 = 1.92$$

(4) 计算当量齿数,有

$$z_{v1} = z_1 / \cos^3\beta = 22.61, \quad z_{v2} = z_2 / \cos^3\beta = 45.21$$

8.6　自我检测题

1. 填空题　见附录 Ⅱ 应试题库:1.填空题中 8(45)～8(58)题。

2. 判断题　见附录 Ⅱ 应试题库:2.判断题中 8(49)～8(72)题。

3. 选择题　见附录 Ⅱ 应试题库:3.选择题中 8(48)～8(60)题。

4. 问答题　见附录 Ⅱ 应试题库:4.问答题中 8(38)～8(48)题。

5. 计算题　见附录 Ⅱ 应试题库:5.计算分析题中 8(14) 和 8(15)题。

8.7 导教(教学建议)

一、教学重点

1.齿廓啮合基本定律、渐开线及其性质

在讲授齿轮的齿廓曲线时,首先应指出,在齿轮中最重要的部位是齿廓曲线。这是因为一对齿轮传动是依靠主动齿轮轮齿的齿廓推动从动轮轮齿的齿廓来实现的。所谓共轭齿廓,就是能实现预定传动比的一对齿廓。

在讲述渐开线的形成时,可利用图片及动画作图的方法来解决。

根据渐开线的形成过程,可以很自然地逐条讲解渐开线的特性。这些特性要求学生透彻理解并牢记,这对于学习后面的内容是很有用处的。

在介绍渐开线特性时,渐开线在任意点 K 的压力角 α 的表达式为

$$\cos\alpha_K = r_b / r_k$$

式中,r_b 为基圆半径,r_k 为渐开线上任意点 K 的向径。这个公式很重要,在后面的学习过程中将经常用到这个公式,提示学生应熟记。

在渐开线的形成过程中,又可很方便地推导出压力角与展角的关系式为

$$\tan\alpha_K = \alpha_K - \theta_K \quad 即 \quad \theta_K = \tan\alpha_K - \alpha_K\theta_K = \tan\alpha_K - \alpha_K$$

由于这个关系式是渐开线所特有的,故称展角 θ_K 为压力角 α_K 的渐开线函数,用 $inv\alpha_K$ 表示。

2.渐开线齿轮的正确啮合条件、可分性和啮合过程

根据渐开线的特性,我们还可以证明一对渐开线齿轮的传动比等于两轮基圆半径的反比。由于两轮加工完成之后,其基圆的大小已完全确定,所以只要两轮的渐开线齿廓能啮合上,其传动比即属确定。这就是说,即使两轮的实际中心距与设计中心距略有偏差,也不会影响两轮的传动比。这一特性,称为渐开线齿轮传动的可分性。这一特性是迄今为止渐开线齿廓所独有的。这对于渐开线齿轮的加工、安装和使用维护都是十分有利的。

3.齿轮各部分名称及标准齿轮的几何尺寸计算

关于渐开线标准直齿圆柱齿轮各部分的名称和几何尺寸计算,是本章基本的内容,要求学生必须熟悉和掌握。

在讲述这部分内容时,可以先用一张渐开线标准直齿圆柱外齿轮的图片,介绍渐开线齿轮各部分的名称。然后指出:齿轮各部分的几何尺寸中,何者为基准?有哪些是基本参数?基本参数与各部分几何尺寸之间关系如何?

齿轮各部分几何尺寸计算公式很多,学生可能感到很难记忆。提示学生,只要能记住几个基本公式(如分度圆、齿顶高、齿根高的计算公式),其它部分的几何尺寸根据齿轮的图形是可以很容易地推导出来的,不必死记硬背。

齿条与内齿轮的几何尺寸,只要介绍其几个主要特点即可。

4.渐开线齿轮的切齿原理、根切现象和最少齿数,变位齿轮概念

关于齿轮的加工方法和切齿过程,应着重解释一下仿形法切制齿廓时,刀具应如何选择的问题,以及用范成法切制齿廓时刀具与轮坯的相对运动关系问题。要强调指出,在用标准齿条型刀具以范成法加工标准齿轮时,刀具的分度线应与轮坯的分度圆相切。这是进一步研究齿

廓根切与变位修正的基础。

在介绍了齿廓的切制原理后,应分析一下各种加工方法的优缺点,着重讲清以仿形法铣削齿廓时一般精度较低,而以范成法切制齿廓时则可能出现根切现象。并指出产生根切的原因是刀具的齿顶线超过了啮合极限点。

在什么情况下,刀具的齿顶线会超过啮合极限点呢?通过分析可以知道,被切齿轮的齿数 z 愈少就愈容易发生这种现象,即愈容易产生根切。那么要不发生根切,渐开线标准齿轮的齿数最少应是多少呢?经过推导可以求得渐开线齿轮不发生根切的最少齿数 $z_{min} = 2h_a^* / \sin^2 \alpha$。

为了在 $z < z_{min}$ 时,使被切齿轮不产生根切,关键是使刀具的齿顶线不要超过啮合极限点,这可以通过将刀具由切制标准齿轮的位置沿径向从轮坯中心向外移出。一段距离的办法来解决。这种用改变刀具与轮坯的相对位置来切制齿轮的方法,即所谓变位修正法。这段移动的距离等于 xm x_m,其中 m 为模数,而 x 就是变位系数。可以证明,当 $z < z_{min}$ 时,防止发生根切的最小变位系数为 $x_{min} = h_a^* (z_{min} - z)/z_{min}$。采用这种方法切制出来的齿轮就称为变位齿轮。我们把刀具相对于轮坯中心向外移出一段距离,称为正变位($x > 0$),把刀具相对轮坯中心向内移进一段距离,称为负变位($x < 0$)。

对于变位齿轮,还应指出:齿轮变位修正后,由于基本参数没有改变,所以其分度圆、基圆的大小不变。但由于变位,使其齿厚、齿槽宽、齿顶高和齿根高等都发生了变化,因而用这种方法不仅可以在被切齿轮的齿数 $z < z_{min}$ 时避免发生根切,而且还可以运用这种方法来改善齿轮的承载能力,调整中心距,改善传动质量和满足传动的其它要求等。

5. 斜齿圆柱齿轮的齿廓形成、啮合特点、当量齿数和几何尺寸计算

本讲一开始,可首先展示一对斜齿圆柱齿轮传动的模型,指出斜齿轮与直齿轮的区别主要在于斜齿轮的轮齿相对于轴线是倾斜的。接着可提出,既然前面所介绍的直齿圆柱齿轮传动具有许多优点,应用广泛,那么为什么要提出采用斜齿圆柱齿轮传动呢?这个问题提出后,可利用图片说明,两个直齿轮在啮合时,由于其轮齿是沿整个齿宽同时进入接触,尔后又同时分离的,因而容易引起冲击、振动和噪音。而两个斜齿轮啮合传动时,两轮的轮齿是先由齿的一端进入啮合,而后逐渐过渡到另一端而脱离啮合。这样的啮合方式减小了传动时的冲击、振动和噪音,提高了传动的平稳性,而且由于延长了每对齿轮的啮合时间,因而增加了重合度。所以在高速大功率传动中,斜齿轮传动获得了广泛的应用。

在明确了斜齿轮传动与直齿轮传动啮合性能的主要区别后,要强调指出关系到斜齿轮传动性能的一个重要参数是其螺旋角 β。若 $\beta = 0°$,则斜齿轮就变成直齿轮了。

由于斜齿轮的轮齿是螺旋齿,故其端面齿形和法面齿形是不同的。由于在制造斜齿轮时,刀具一般是沿着螺旋线方向进刀的,所以在此情况下就必须按齿轮的法面参数来选择刀具,因而规定斜齿轮法面参数为标准值。但在计算斜齿轮的几何尺寸时,却需要按其端面进行计算,因此就必须建立法面参数和端面参数的转换关系。至于斜齿轮的法面参数与其端面参数的换算关系,可不必推导。

根据斜齿轮的端面参数,参照直齿轮的几何尺寸计算公式,可很容易地写出斜齿轮传动的几何尺寸的计算公式。在几何尺寸计算的诸公式中,尤其应该强调指出的是斜齿轮传动中心距的计算公式。该式表明,在设计斜齿轮传动时,可用改变螺旋角 β 的办法来调整中心距的大小,而不必进行变位来满足对中心距的要求。这是斜齿轮传动设计中的一个重要特点。

关于一对斜齿轮的正确啮合条件,应首先利用一对斜齿轮传动的模型说明,当一对斜齿轮为外啮合时,两齿轮的螺旋角应大小相等,方向相反;而当一对斜齿轮为内啮合时,两齿轮的螺

旋角应大小相等,方向相同。然后再参照一对直齿轮的正确啮合条件,不难理解一对相互啮合的斜齿轮的端面模数及端面压力角应分别相等,或法面模数及法面压力角应分别相等。

在讲述斜齿轮传动的重合度时,可利用图片比较直齿轮传动的啮合面和斜齿轮传动的啮合面的区别来进行讲解,得出斜齿轮传动的重合度比直齿轮传动增加了 ε_β(与斜齿轮的轴向宽度有关,故称为轴面重合度)。

在斜齿轮传动中还有一个很重要的概念就是斜齿轮的当量齿数。它不仅对于斜齿轮加工,而且对于以后研究斜齿轮的强度计算都是很重要的参数。

讲述斜齿轮的当量齿数,应从斜齿轮的加工谈起。讲述时,可以用一个斜齿轮被其轮齿某处的法面所剖开的模型来说明。当用盘形铣刀来切制斜齿轮时,由于刀刃位于轮齿的法面内,因此铣刀的模数和压力角显然就是斜齿轮的法面模数和法面压力角,但铣刀的刀号应如何确定呢?我们知道,齿轮铣刀的刀号是根据所切直齿轮的齿数来编号的。既然斜齿轮的法面齿形与刀刃的形状相对应,那就应该找出一个与斜齿轮法面齿形相当的直齿轮来,然后再按照这个相当的直齿轮的齿数来确定铣刀的刀号。这个虚拟的与斜齿轮法面齿形相当的直齿轮就是斜齿轮的当量齿轮,而其齿数就是该斜齿轮的当量齿数。那么,当量齿数如何求取呢?这时,可以用图片推导出斜齿轮的当量齿数的计算公式。

最后,应把斜齿轮传动的主要优缺点作一简短的小结,应当指出斜齿轮传动虽然有许多优点,但有一个轴向力的问题,而且轴向力是随着螺旋角的增大而增大的。所以为了限制轴向力不致过大,设计时就要限制螺旋角的大小。若要完全消除轴向力,则可采用人字齿轮。

在讲授时,可以利用图片和模型来介绍。

讲述斜齿圆柱齿轮传动是本章的难点之一,概念和公式比较多。讲述本讲,要注意以直齿轮传动为基础,主要分析斜齿轮传动与直齿轮传动的区别,掌握斜齿轮传动的特点。而在讲述斜齿轮传动的特点时,又要注意围绕以斜齿轮分度圆螺旋角 β 这个主要参数来进行展开,使学生掌握本讲的重点与关键所在。

关于一对斜齿轮传动的正确啮合条件,虽然比较简单,但是两轮螺旋角之间的关系必须搞明白,在设计时千万不能粗心大意。

6. 直齿圆锥齿轮的齿廓形成、背锥、当量齿数和几何尺寸计算

在介绍圆锥齿轮传动时,可先展示一对圆锥齿轮传动的模型以说明圆锥齿轮传动是用来传递两相交轴之间的运动和动力的。然后再用一个圆锥齿轮的模型,并启发学生对照模型思考一下:圆锥齿轮与前面所述的圆柱齿轮有什么异同?并对照圆柱齿轮结出圆锥齿轮的"齿顶圆锥"、"分度圆锥"、"齿根圆锥"和"齿顶角"、"齿根角","分度圆锥角"等名词和参数。然后再提出,圆锥齿轮既然是锥体,就有大端和小端之分。那么,哪一端的参数为标准值呢?此时指出,为了计算和测量的方便,通常就取圆锥齿轮的大端参数为标准值。

至于圆锥齿轮传动的类型主要是按轮齿的形状来划分的。目前应用最为广泛的还是直齿圆锥齿轮,而曲齿圆锥齿轮主要用于高速重载的传动之中。

介绍直齿圆锥齿轮背锥与当量齿数的概念,这是一个难点。运用模型和图片作简明扼要的解释,并推导出当量齿数的计算公式。

讲到这里,应对当量齿轮与当量齿数的重要性加以强调,要着重指出:不仅圆锥齿轮的齿形可以近似地以其当量齿轮齿形来表示,而且圆锥齿轮的啮合传动,也可以通过其当量齿轮的啮合传动来研究。正因为如此,我们在前面对圆柱齿轮传动所研究的一些结论,可以直接应用于圆锥齿轮。例如,根据一对圆柱齿轮的正确啮合条件可知,一对圆锥齿轮的正确啮合条件为

两轮大端的模数和压力角应分别相等;一对圆锥齿轮传动的重合度可以按其当量齿数进行计算;为了避免轮齿的根切,圆锥齿轮的当量齿数 z_v 应大于(至少等于)最少齿数 z_{min} 等等。

在介绍直齿圆锥齿轮的几何参数和尺寸的计算时,可利用图片进行几何分析,并着重说明以下几点:

(1)在圆锥齿轮中一个重要参数是分度圆锥角。它不仅影响锥齿轮的几何尺寸,而且关系到当量齿数的大小和两轮的传动比。在圆锥齿轮传动的设计中,根据传动比要求来确定两轮的分度圆锥角。

(2)由于齿顶高 h_a 及齿根高 h_f 不在大端平面上,而是位于圆锥齿轮的背锥上,故圆锥齿轮的齿顶圆直径 $da = d + 2h_a\cos\delta$;齿根圆直径 $d_f = d - 2h_f\cos\delta$。

(3)关于圆锥齿轮的几何尺寸计算,只介绍等顶隙圆锥齿轮传动。由于其具有许多优点,且工艺也较好,故已广泛采用。

7.蜗杆传动

随着科学技术的发展,目前蜗轮蜗杆传动无论在传动类型,还是在主要参数的选择方面都有较大的发展和变化。由于学时所限,本讲还可仍以介绍阿基米德蜗杆为主。但应适当介绍一些新型蜗杆传动和新的标准,更新知识内容。

在介绍蜗轮蜗杆传动的特点时,可以由交错角 $\Sigma = 90°$ 的交错轴斜齿轮传动讲起,直接用蜗轮蜗杆传动的模型及相应的图片,介绍蜗轮蜗杆传动的特点、两者的交错角 Σ、以及蜗轮螺旋角 β_2 和蜗杆导程角 γ_1 之间的几何关系等,以及蜗杆传动的类型。

关于蜗轮蜗杆的正确啮合条件,则可通过蜗轮蜗杆传动的中间平面(即过蜗杆的轴线且垂直于蜗轮轴线的平面)来进行分析。在此主平面内,蜗轮与蜗杆的啮合传动相当于齿轮与齿条的啮合,因此正确啮合条件为:$m_{t2} = m_{x1} = m$ 和 $\alpha_{t2} = \alpha_{x1} = \alpha$,且 $\Sigma = 90°$ 时,$\beta_2 = \gamma_1$,旋向相同。

至于蜗杆传动的主要参数,简要介绍蜗杆的头数 z_1($1 \sim 10$,推荐取 1,2,4,6)、导程角 γ_1、蜗杆的分度圆直径 d(是标准值)、蜗杆的直径系数 q 等参数。

在分析蜗轮蜗杆传动的转向时,可通过例子来介绍其转向的判断方法。

二、教学难点

(1)研究齿轮两轮的中心距问题是从两个基本要求出发的,一是保证两轮的齿侧间隙为零;二是保证两轮的顶隙 c 为标准值。根据这两个基本要求,在一对齿轮的啮合传动图上,可以分析得知两轮的标准中心距等于两轮分度圆半径之和。

(2)关于连续传动问题,可以先介绍一对轮齿的啮合过程,并介绍有关实际啮合线、理论啮合线和啮合极限点等概念。然后从一对齿轮的啮合传动图上分析可知,齿轮连续传动的条件是:两齿轮的实际啮合线段应大于或至少等于齿轮的法向齿距.而实际啮合线段与法向齿距的比值称为齿轮传动的重合度,于是得齿轮连续传动的条件为重合度大于或等于1。

关于重合度计算公式不必详细推导,可以讲清思路,着重介绍基本参数对重合度的影响。

(3)齿轮的变位修正,一般多从避免根切问题引出,这可能会给人造成一个先入为主的错误概念,似乎对齿轮采取变位修正,就是为了避免齿廓的根切。而实际上,各种机械中所采用的齿轮其齿数绝大多数均大于 z_{min},因而一般并不存在根切问题。可是,在现代机械中,许多齿数大于 z_{min} 的齿轮仍然进行变位修正。这是因为齿轮的变位修正,除了对于齿数的齿轮 $z < z_{min}$ 可以避免根切外,更主要的目的是通过变位修正,可以提高其承载能力,改善齿轮的工作性能,或满足中心距的要求等。所以,对于齿轮变位修正的目的,必须有一个全面的认识。

在讲述变位齿轮传动时,有两个问题需要在教学过程中向学生讲清楚:

1) 关于正、负变位与正、负传动之区别:正、负变位是就一个齿轮而言的,是说明该齿轮是采用正变位修正还是负变位修正的。而正、负传动是就一对啮合传动的齿轮而言的,是说明该对齿轮的变位系数和(x_1+x_2)是大于零还是小于零的。在一对正传动齿轮中,也可能有负变位修正齿轮。反之,在一对负传动齿轮中,也可能有正变位修正齿轮。

2) 关于标准齿轮和零变位齿轮之区别:标准齿轮除了其齿厚与齿槽宽相等外,其齿高h是标准的。而零变位齿轮(即变位系数$x=0$的齿轮)虽然其齿厚与齿槽宽仍相等,但其齿高却不一定是标准的。因为在正、负传动中都有齿顶高削短问题,所以零变位齿轮不一定是标准齿轮。

(4) 在介绍了变位齿轮的由来,以及变位齿轮与标准齿轮的异同。下面来研究一对变位齿轮传动中有关几何尺寸计算问题。

上述在介绍一对齿轮的中心距时,是从保证两轮齿侧间隙为零和保证两轮的顶隙c为标准值为出发点的。研究变位齿轮传动仍然如此。

(1) 研究如何使一对变位齿轮满足无侧隙啮合的要求。根据无侧隙啮合要求,可得出无侧隙啮合方程式。

无侧隙啮合方程式表明,若两轮变位系数之和(x_1+x_2)不等于零,则两轮作无侧隙啮合时,其啮合角α'就不等于分度圆压力角α,说明此时两轮的节圆与其分度圆不重合,即两轮的分度圆是不相切的,因而两轮的中心距就不等于标准中心距。我们把分度圆分离的距离,即无侧隙中心距与标准中心距之差,用ym来表示,此处m为模数,y称为中心距变动系数。

(2) 如何使一对变位齿轮满足标准顶隙$c=c^*m$要求呢?

根据变位齿轮齿顶高与齿根高的变化,我们可以写出变位齿轮传动具有标准顶隙的中心距a''的计算式。

显然,若既要满足无侧隙啮合,又要保证标准顶隙,则应使$a''=a'$,即应使$x_1+x_2=y$。然而可以证明:实际上$x_1+x_2>y$,即$a''>a'$。这说明,如果两轮按标准顶隙安装,两齿廓之间就有侧隙;而如果按无侧隙啮合安装,实际顶隙就小于标准顶隙。这个矛盾如何解决呢?设计时解决这个矛盾的办法是将两轮按无侧隙啮合的中心距a'安装,同时将两轮的齿顶都减短$\triangle ym$,以满足标准顶隙的要求。此处m为模数,$\triangle y$为齿顶高变动系数。

关于变位齿轮的传动类型是按照相互啮合的两齿轮的变位系数和(x_1+x_2)的值的不同来区分的。当$x_1+x_2=0$,且$x_1=x_2=0$时,即为标准齿轮传动;当$x_1+x_2=0$,且$x_1=-x_2$称为等移距变位齿轮传动(又称为高度变位齿轮传动);而当$x_1+x_2\neq0$时,则称为不等移距变位齿轮传动(又称角度变位齿轮传动)。而在不等移距变位齿轮传动中,又有正传动(此时$x_1+x_2>0$)和负传动(此时$x_1+x_2<0$)之分。又由于正传动的优点较多,应用较广,因此在教学中应予以重点介绍。

三、典型题解

题8.1 一对直齿圆柱齿轮传动,已知传动比$i_{12}=2$,齿轮的基本参数:$m=4\ \text{mm}$,$\alpha=20°$,$h_a^*=1.0$。

1. 按标准中心距$a=120\ \text{mm}$安装时,求:

(1) 齿数z_1,z_2;(2) 啮合角$\bar{a}'$;(3) 节圆直径d'_1,d'_2;

2. 若取齿数$z_1=15$,$z_2=30$,中心距$a'=92\ \text{mm}$,试作:

(1) 求避免根切的小齿轮的最小变位系数 x_{min1}；

(2) 求传动啮合角 α'；(3) 说明属于何种变位传动。

解：1.　(1) 因为：$i_{12} = 2 = z_2 / z_1, a = m \times (z_2 + z_1)/2 = 120,$ 而 $m = 4$

所以：$z_1 = 20, z_2 = 40$；

(2) 又因为是按标准中心距安装，所以有 $\bar{a}' = \bar{a} = 20°$，

(3) $d'_1 = d_1 = m z_1 = 80$ mm，　$d'_2 = d_2 = m z_2 = 160$ mm。

2. (1) $x_{min1} = (z_{min} - z_1) / z_{min} = (17 - 15)/17 = 0.118$

(2) 因为：$a \cos \bar{a} = a' \cos \bar{a}'$，所以：$\bar{a}' = \text{arc}(a \cos \bar{a} a')$，即 $\alpha' = 23.18°$；

(3) 该传动为正传动。

题 8.2　设有一对渐开线外啮合直齿圆柱齿轮传动，已知 $m = 5$ mm，$\alpha = 20°$，$h_a^* = 1$，$c^* = 0.25$，传动比 $i_{12} = 2$，标准中心距 $a = 90$ mm。

(1) 如果按标准齿轮传动设计，试确定 z_1 和 z_2，并判断齿轮 1 和 2 是否发生根切。

(2) 如果实际中心距 $a' = 92$ mm，求出实际啮合角 α' 和变位系数之和 $\sum x$，并以小齿轮刚好不根切为原则分配 x_1 和 x_2。

(3) 根据所选择的 x_1 和 x_2，计算两齿轮的齿顶圆半径 r_{a1} 和 r_{a2}，并计算这一对变位齿轮传动的重合度 ε。

注：无侧隙啮合方程式：$x_1 + x_2 = ((z_1 + z_2)/2 \tan \bar{a})(\cos \bar{a}' - \cos \bar{a})$

不考虑中心距变动系数 y。

解：$a = m(z_1 + z_2)/2 = 90$，又 $i_{12} = z_2/z_1$，所以有 $z_1 = 12, z_2 = 24$，齿轮 1 发生根切。

因为 $a \cos \alpha = a' \cos \alpha'$，所以 $\alpha' = 23.18°$，由无侧隙啮合方程式，有：$\sum_x = x_1 + x_2 = ((z_1 + z_2)/2 \tan a)(\cos a' - \cos a)$

其中：$\cos \alpha = \tan \alpha - \alpha = 0.014\,9, \cos \alpha' = \tan \alpha' - \alpha' = 0.023\,62$，故有

$$x_{\sum} = x_1 + x_2 = ((z_1 + z_2)/2 \tan a)(\cos a' - \cos \alpha) = 0.43$$

由最小不根切变位系数计算式 $x_{min} = h_a^* (z_{min} - z)/ z_{min}$，又刚好不根切时的

$x_1 = 1 * (17 - 12)/17 = 0.29$，于是 $x_2 = 0.14$

$$r_{a1} = r_1 + m(h_a^* + x_1) = 36.45 \text{ mm}，\quad r_{a2} = r_2 + m(h_a^* + x_2) = 65.7 \text{ mm}$$

$\alpha_{a1} = \text{arcos}(r_1/ r_{a1}) * \cos \alpha = 39.33°$

$\alpha_{a2} = \text{arcos}(r_2/ r_{a2}) * \cos \alpha = 30.88°$，所以有

$$\varepsilon = [z_1(\tan \alpha_{a1} - \tan \alpha') + z_2(\tan \alpha_{a2} - \tan \alpha')]/2\pi = 1.4$$

第9章 齿 轮 系

9.1 本章学习要求

（1）了解各类齿轮系的组成和运动特点,学会判断一个已知齿轮系属于何种轮系。

（2）熟练掌握平面定轴轮系传动比的计算方法,会确定主、从轮的转向关系。

（3）掌握平面行星轮系传动比的计算方法。了解复合轮系的传动比计算。

（4）了解各类轮系的功能,学会根据工作要求选择轮系的类型。

（5）对其他类型齿轮传动作一般了解。

9.2 本章重点和难点

定轴轮系和行星轮系传动比计算,后者也是难点。

9.3 本章学习方法指导

1.齿轮系传动比的计算

（1）定轴轮系传动比的计算。定轴轮系传动比的计算很简单,但它是基本的,应熟练掌握式

$$i_{ab}=\frac{\omega_a}{\omega_b}=(-1)^m\frac{各从动轮齿数连乘积}{各主动轮齿数连乘积} \tag{9.1}$$

并要注意其符号$(-1)^m$中的m是指相互平行轴的圆柱齿轮外啮合的对数。对于空间定轴轮系的转向只能用画箭头的方法确定。

（2）行星齿轮系传动比计算。平面行星齿轮系由行星轮、行星架和齿轮（称为太阳轮）所组成。其中,太阳轮和行星架的运转轴线重合。根据行星轮系的自由度$F=1$和$F=2$而分为简单行星轮系和差动行星轮系。

行星轮系传动比的计算不能直接用定轴轮系传动比式（9.1）的计算,必须将行星轮系转化为定轴轮系,而后再用式（9.1）计算公式。这就是转化机构法。

（3）若一个轮系中既含有行星轮系部分,又含有定轴轮系部分,则可判定该轮系为复合轮系;或者一个轮系是由几个单一的行星轮系组合而成。而各行星轮系不共用一个行星架,则也可判定该轮系为复合轮系,应学会分析判断。至于复合轮系的传动比计算,一般来说比较复杂,只要知道计算思路即可。

2.其他类型齿轮传动

主要是扩大知识面,作一般了解。

3．轮系重点知识结构

轮系知识结构见表9.1。

表9.1 轮系重点知识结构

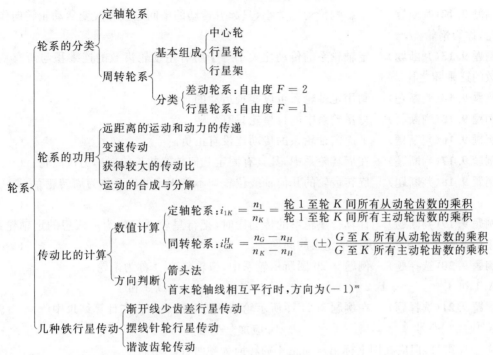

9.4 本章考点及典型例题解析

1．本章考点

本章主要包括三点：一是轮系，特别是周转轮系的基本概念；二是轮系传动比的计算；三是减速器的功用、分类。

试题多以填空，简答和计算等题型出现。

2．典型例题解析(参考解答附例题之后)

例题9.1(填充题) 根据轮系在运转过程中各齿轮的几何线互相位置关系_____而分类。

例题9.2(填充题) 定轴轮系和行星轮系的主要区别在于_____是否转动。

例题9.3(填充题) 定轴轮系的传动比是_____两轮的转速之比。

例题9.4(填充题) 自由度为_____的轮系称为行星轮系。

例题9.5(填充题) 在周转轮系中，凡具有_____的齿轮就称为中心轮。

例题9.6(填充题) 行星轮系中的行星轮既有公转又有_____。

例题9.7(填充题) 在周转轮系中，凡具有_____的齿轮就称为行星轮。

例题9.8(判断题) 平面定轴轮系中的各圆柱齿轮的轴线互相平行。 （ ）

例题9.9(判断题) 定轴轮系可以把旋转运动转变成直线运动。 （ ）

例题 9.10（判断题） 旋转齿轮的几何轴线位置均不能固定的轮系称为周转轮系。

（　　）

例题 9.11（判断题） 平面定轴轮系的传动比有正负。 （　　）

例题 9.12（判断题） 不影响传动比大小,只起着传动的中间过渡和改变从动轮转向作用的齿轮,称为惰轮。 （　　）

例题 9.13（判断题） 定轴轮系的传动比大小等于所有主动轮齿数的连乘积与所有从动轮齿数的连乘积之比。 （　　）

例题 9.14（判断题） 利用定轴轮系可以实现运动的合成。 （　　）

例题 9.15（判断题） 行星轮系中的行星轮只有公转。 （　　）

例题 9.16（判断题） 平面定轴轮系的传动比没有正负。 （　　）

例题 9.17（判断题） 在周转轮系中,凡具有固定几何轴线的齿轮就称为行星轮。（　　）

例题 9.18（判断题） 旋转齿轮的几何轴线位置均不能固定的轮系称为周转轮系。

（　　）

例题 9.19（判断题） 计算行星轮系的传动比时,把行星轮系转化为一假想的定轴轮系,即可用定轴轮系的方法解决行星轮系的问题。 （　　）

例题 9.20（选择题） 例题 9.20 图所示轮系中,齿轮（　　）称为惰轮。

A.1 和 3′　　　　　B.2 和 4　　　　　C.3 和 3′　　　　　D.3 和 4

例题 9.21（选择题） 在例题 9.21 图所示轮系的传动比 i_{14} 时,在计算结果中（　　）。

A. 应加"＋"号　　　　　　　　　B. 应加"－"号

C. 不加符号,但应在图上标出从动轮 4 的转向为顺时针

D. 不加符号,但应在图上标出从动轮 4 的转向为逆时针

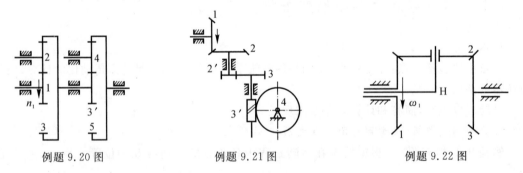

例题 9.20 图　　　　　　例题 9.21 图　　　　　　例题 9.22 图

例题 9.22（选择题） 例题 9.22 所示轮系中,给定齿轮 1 的转动方向如图所示,则齿轮 3 的转动方向（　　）。

A. 与 ω_1 相同　　　　B. 与 ω_1 相反　　　C. 只根据题目给定的条件无法确定

例题 9.23（简答题） 行星轮系和差动轮系有何区别?

例题 9.24（简答题） 何谓惰轮?它在轮系中有何作用?

例题 9.25（简答题） 计算周转轮系的传动比时,为什么要用转化机构法?

例题 9.26（计算题） 如例题 9.26 图所示,已知轮系中 $z_1=60,z_2=15,z_3=20$,各轮之均相同,求 z_3 及 i_{1H}。

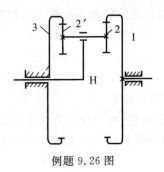

例题 9.26 图

3.典型例题参考答案

例题 9.1【是否变动】　例题 9.2【行星架】　例题 9.3【首末】　例题 9.4【1】

例题 9.5【相对固定轴线的齿轮】　例题 9.6【自转】　例题 9.7【可动轴线】

例题 9.8【（×）】　例题 9.9【（×）】　例题 9.10【（√）】　例题 9.11【（√）】

例题 9.12【（×）】　例题 9.13【（×）】　例题 9.14【（×）】　例题 9.15【（×）】

例题 9.16【（×）】　例题 9.17【（×）】　例题 9.18【（√）】　例题 9.19【（√）】

例题 9.20【（B）】　例题 9.21【（C）】　例题 9.22【（C）】。

例题 9.23 答:行星轮系自由度为1,差动轮系自由度为2。

例题 9.24 答:惰轮是两个不互相接触的传动齿轮中间起传递作用的齿轮,同时跟这两个齿轮啮合,用来改变被动齿轮的转动方向,使之与主动齿轮相同。它的作用只是改变转向并不能改变传动比,称之为惰轮。惰轮又称过桥齿轮,它的齿数多少对传动比数值大小没有影响,但对末轮的转向将产生影响。

例题 9.25 答:周转轮系中有着转动的系杆,使得行星轮既有自转又有公转,那么各轮之间的传动比计算就不再是与齿数成反比的简单关系了。由于这个差别,周转轮系的传动比就不能直接利用定轴轮系的方法进行计算。但是根据相对运动原理,假如给整个周转轮系加上一个公共的转速"n_H",则各个齿轮、构件之间的相对运动关系仍将不变,但这时系杆的绝对转速为 $n_H - n_H = 0$,即系杆相对变为"静止不动",于是周转轮系便转化为定轴轮系了。称这种经过一定条件转化得到的假想定轴轮系为原周转轮系的转化机构或转化轮系。利用这种方法求解轮系的方法称为转化轮系法。

例题 9.26【提示】根据同心条件及传动公式计算。

解　由 $1,2,2',3,H$ 组成一个行星轮系。由同心条件得 $\frac{m}{2}(z_1 - z_2) = \frac{m}{2}(z_1 - z'_2)$

则
$$z_3 = z_1 + z_{2'} - z_2 = 60 + 20 - 15 = 65$$

$$i_{1H} = 1 - i_{13}^H = 1 - \frac{z_2 \times z_3}{z_1 \times z_{2'}} = \frac{15 \times 65}{60 \times 20} = 1 - \frac{13}{16} = \frac{3}{16}$$

齿轮 1 与行星架 H 的转向相同。

n_H 转向箭头也向上。

9.5　复习题与习题参考解答

9.1　何谓齿轮系? 轮系如何分类? 举例说明齿轮系有哪些功用。

答:由一系列相互啮合的齿轮组成的传动系统称为齿轮系。

轮系的分类:① 定轴轮系;② 周转轮系;③ 复合轮系。

9.2　定轴齿轮系与行星齿轮系的主要区别是什么?

答:主要区别是:定轴齿轮系运转时齿轮轴线相对于机架固定,而行星齿轮系运转时则有一个或几个齿轮的轴线相对于机架不固定。

9.3　在给定轮系主动轮的转向后,可用什么方法来确定定轴轮系从动轮的转向?

答:1) 对于定轴轮系,可运用画箭头的方法来确定从动轮的转向。箭头方向表示齿轮可见侧的圆周速度方向。

2) 对于周转轮系,也可用画箭头的方法确定从动轮的转向。与定轴轮系不同的是,周转轮系中用箭头方向确定的齿轮间转向关系表示周转轮系的转化轮系中齿轮间的转向关系,至于各齿轮的实际转向关系需根据计算值确定。

9.4　周转轮系中主、从动件的转向关系又用什么方法来确定?

答:1) 画箭头法。

2) 可用$(-1)^m$来确定轮系传动比的正负号(用于平面定轴轮系)。即若用 m 表示轮系中外啮合的对数,则若计算结果为正,则说明主、从动轮转向相同;若结果为负,则说明主、从动轮转向相反。

周转轮系中主、从动件的转向关系的确定:需要利用转化轮系法计算出周转轮系中主、从动件的真实角速度,然后根据二者角速度的符号来判断,若同号,则两者转向相同,若异号,两者转向相反。

9.5　行星齿轮系由哪几个基本构件组成? 它们各作何运动?

答:1) 行星轮 —— 既绕自身轴线自转又绕另一固定轴线公转。

2) 行星架 H—— 支承行星轮作自转并带动行星轮作公转的构件。

3) 中心轮 —— 与系杆同轴线、与行星轮相啮合、轴线固定的齿轮。

4) 主轴线 —— 系杆和中心轮所在轴线。

5) 基本构件 —— 主轴线上直接承受载荷的构件。

9.6　"转化机构法"的根据何在?

答:相对运动原理。

9.7　各种类型齿轮系的转向如何确定? $(-1)^m$方法适用于何种类型的齿轮。

答:定轴轮系的转向可用$(-1)^m$的方法或在图上画箭头的方法确定;行星轮系的转向应根据其转化机构经计算确定;$(-1)^m$方法适用于平面圆柱齿轮定轴轮系。

9.8　惰轮有何特点? 何时采用惰轮?

答:惰轮是两个不互相接触的传动齿轮中间起传递作用的齿轮,同时跟这两个齿轮啮合,用来改变被动齿轮的转动方向,使之与主动齿轮相同。它的作用只是改变转向并不能改变传动比,称之为惰轮。惰轮又称过桥齿轮,它的齿数多少对传动比数值大小没有影响,但对末轮的转向将产生影响。

9.9　何谓行星齿轮系的转化轮系? 为什么要进行这种转化?

答:周转轮系中有着转动的系杆,使得行星轮既有自转又有公转,那么各轮之间的传动比计算就不再是与齿数成反比的简单关系了。由于这个差别,周转轮系的传动比就不能直接利用定轴轮系的方法进行计算。但是根据相对运动原理,假如我们给整个周转轮系加上一个公共的角速度"$-\omega_H$",则各个齿轮、构件之间的相对运动关系仍将不变,但这时系杆的绝对运动角速度为 $\omega_H-\omega_H=0$,即系杆相对变为"静止不动",于是周转轮系便转化为定轴轮系了。我们称这种经过一定条件转化得到的假想定轴轮系为原周转轮系的转化机构或转化轮系。利用这种方法求解轮系的方法称为转化轮系法。

9.12 如题9.12图所示齿轮系,已知 $z_1=60,z_2=z'_2=z_3=z_4=20,z_5=100$。试求传动比 i_{41}。

答:对于 $1-2-2'-3-4-H$ 周转轮系,有

$$i_{14}=\frac{n_1-n_H}{n_4-n_H}=-\frac{z_2\times z_3\times z_4}{z_1\times z_{2'}\times z_3}=-\frac{1}{3}$$

对于 $1-2-2'-5-H$ 周转轮系,有

$$i_{15}=\frac{n_1-n_H}{0-n_H}=-\frac{z_2\times z_5}{z_{2'}\times z_1}=-\frac{5}{3}\quad 对于 1-2-2'-5-H$$

9.13 在计算行星轮系的传动比时,式 $i_{mH}=1-i_{mn}^H$ 只有在什么情况下才是正确的?

答:在行星轮系,设固定轮为 n,即 $\omega_n=0$ 时,此公式才是正确的。

9.14 在计算周转轮系的传动比时,式 $i_{mn}^H=(n_m-m_H)/(n_n-n_H)$ 中的 i_{mn}^H 是什么传动比,如何确定其大小和"±"号?

答:i_{mn}^H 是在根据相对运动原理,设给原周转轮系加上一个公共角速度"$-\omega_H$"。使之绕行星架的固定轴线回转,这时各构件之间的相对运动仍将保持不变,而行星架的角速度为0,即行星架"静止不动"了. 于是周转轮系转化成了定轴轮系,这个转化轮系的传动比,其大小可以用 $i_{mn}^H=(n_m-n_H)/(n_n-n_H)$ 中的 i_{mn}^H 公式计算;方向由"±"号确定,但注意,它由在转化轮系中 m,n 两轮的转向关系来确定。

9.15 在题9.15图所示为一手摇提升装置。其中各轮齿数均为已知,试求传动比 i_{15}。并指出当提升重物时手柄的转向。

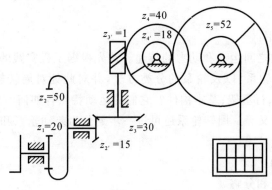

题9.15图

答:传动比 i_{15} 的大小:

$$i_{15}=\frac{z_2 z_3 z_4 z_5}{z_1 z_2' z_3' z_4'}=\frac{50\times30\times40\times52}{20\times15\times1\times18}=577.8 \text{ r/min}$$

方向如题9.15图所示。

三导

9.6　自我检测题

　　1. 填空题　　见附录 Ⅱ 应试题库:1.填空题中 9(59) 和 9(60) 题。

　　2. 判断题　　见附录 Ⅱ 应试题库:2.判断题中 9(73) ~ 9(83) 题。

　　3. 选择题　　见附录 Ⅱ 应试题库:3.选择题中 9(63) ~ 9(65) 题。

　　4. 问答题　　见附录 Ⅱ 应试题库:4.问答题中 9(49) 和 9(50) 题。

　　5. 计算题　　见附录 Ⅱ 应试题库:5.计算分析题中 9(16) 和 9(7) 题。

9.7　导教(教学建议)

一、教学重点

1. 了解轮系的分类方法,能正确划分轮系

一系列齿轮相互啮合组成的传动系统称为轮系。轮系的分类:

(1) 定轴轮系。轮系中各个齿轮的回转轴线的位置是固定的。

(2) 周转轮系。轮系中至少有一个齿轮的回转轴线的位置是不固定的,绕着其他构件旋转,则这种轮系称为周转轮系。周转轮系中的主要构件有:

1) 行星轮。在周转轮系中,轴线位置变动的齿轮,即既作自转又作公转的齿轮。

2) 行星架。支撑行星轮既作自转又作公转的构件,又称为转臂。

3) 中心轮。轴线位置固定的齿轮,又称为太阳轮。

其中行星架与中心轮的几何轴线必须重合。

根据轮系的自由度可将周转轮系分为:差动轮系,机构自由度为 2;行星轮系,机构自由度为 1。

(3) 轮系的主要功用:

1) 相距较远的两轴之间运动和动力的传递。首先根据工程实践的需要,提出研究轮系的必要性。再定义什么是轮系,以及轮系的分类方法,并对此处对周转轮系的组成作进一步介绍,何谓太阳轮、行星轮、行星架、基本构件? 它们的运动特点各如何? 以及基本构件的同心条件,和 $2K-H$ 机构的含义等。周转轮系还可进一步划分为差动轮系和行星轮系。

2) 实现变速传动。

3) 获得较大的传动比。

4) 进行运动的合成和分解。

2. 能正确计算定轴轮系的传动比

轮系传动比的计算包括两方面的任务,一是确定轮系中首、末两构件之间传动比的大小,另一是确定首、末构件之间的转向关系。

对于定轴轮系很容易就可获得下式:

i_{1n} =组成轮系的所有齿轮对的传动比的连乘积=所有从动轮齿数的连乘积／所有主动轮齿数的连乘积

在推导上式时,推导过程宜简,而应着重说明其含意。

至于从动轮的转向用画箭头的方法来确定。只附带指出对于平行轴传动,也可以用外啮合的次数,即(一1)^m 来确定。同时指出,当主、从动轮的轴线平行时,在传动比前加"±"号来表示两者之间的转向关系。当首末两轮的轴线相平行时,两轮转向的异同可用传动比的正负表示。两轮转向相同时,传动比为"+";两轮转向相反时,传动比为"一"。但是如果首末两轮的轴线不平行,则只能计算传动比的大小,首末两轮的转向用箭头表示。通常两轮的转向用箭头法判断,即假定首轮的转向(或依题意给定的方向),用箭头在图示上表示,根据啮合情况,依次将每个轮子的转向在图示上标注出来,最后可以得到末轮的转向。一般画箭头时有以下原则:

(1) 外啮合齿轮:两箭头相对或相背。

(2) 内啮合齿轮:两箭头同向。

(3) 圆锥齿轮:两箭头同时指向节点或同时背离节点。

(4) 蜗杆传动:左手或右手定则 —— 右旋蜗杆左手握,左旋蜗杆右手握,四指 $\omega1$,拇指 $\omega2$。

(5) 同轴齿轮:两箭头同向。

3. 能正确计算周转轮系传动比

在作周转轮系传动比的计算时,应先强调指出,因周转轮系中有运动着的行星架,故其传动比的计算不能简单地按定轴轮系来进行。但进一步分析又会发现周转轮系和定轴轮系的区别仅在于有无运动的行星架,若能将行星架相对固定起来而又不破坏周转轮系的组成结构和轮系中各构件间的相对运动,则周转轮系就转化成了定轴轮系,由此就提出了转化法和转化机构,从而得出下列通式:

$$i_{mn}^H = \omega_m^H/\omega_n^H = \frac{\omega_m - \omega_H}{\omega_n - \omega_H} = \pm \frac{\text{在转化轮系中由 } m \text{ 至 } n \text{ 各从动轮齿数的连乘积}}{\text{在转化轮系中的 } m \text{ 至 } n \text{ 各主动轮齿数的连乘积}}$$

此为一个重要的基本关系式,要求同学熟记。同时应说明如下几点:公式的适用范围、公式右边的"±"判断、已知的 ω 代入时要带"±"号等及行星轮系的传动比计算式。并提醒学生要注意,构件在周转轮系中的转向和其在转化机构中的转向是两回事,即两者可以相同,也可以相反。

本讲的重点是周转轮系传动比的计算,应结合图片和模型讲清转化原理。提问同学 i_{mn} 和 i_{mn}^H 的区别,以加深同学对重要概念的理解。

提示同学,在计算由圆锥齿轮组成的周转轮系的传动比时,应特别注意的两件事:① 其转化机构传动比"±"号的确定,只能用画箭头来确定,并结合举例说明;② 在计算式中不能包含行星轮的角速度。

二、教学难点

本章讲授的难点是复合轮系的传动比计算。

讲授时首先利用一个简单的复合轮系图片,先分析其为复合轮系,然后提出问题,应如何来计算其传动比呢? 再指出把整个轮系当作一个定轴轮系,或当作一个周转轮系来计算,都不能得到正确的结果。唯一正确的方法是把轮系分解成为简单的周转轮系和定轴轮系,然后分别写出其相应的计算式,最后联立求解,才可获得所需的结果。

可见复合轮系传动比的计算,关键在于轮系的划分。轮系划分的步骤如下:先由整个轮系的运动情况,找出行星轮和行星架(应指出行星架不一定是简单的杆件,它本身可能是一个轮子或其他形式的构件,只要行星轮的动轴装在它身上,它就是行星架)。然后找出和行星轮相啮合的轴线固定的齿轮就是太阳轮,这一套就构成一个简单的周转轮系。一个轮系中有几个行星架,就包含了几个简单的周转轮系,其余部分就是定轴轮系。

注意,要向学生交代清楚,有几个简单的周转轮系,就得建立几个方程,然后分别 — 一计算,最后联立求解。

注意事项:

1) 在介绍轮系的划分时,有少数同学总是掌握不住. 不是把不属简单周转轮系的齿轮划入了该周转轮系. 就是把一个简单周转轮系又分成了几个轮系,所以一定要讲清划分轮系的方法。

2) 在讲复合轮系传动比的计算时,几种基本型式(串联式、并联式、封闭式、3K 机构)都应讲到。

3) 在讲运动的分解时,可向同学提出如下两个问题,以提高同学对本课的兴趣,并培养同学深入观察分析问题的能力。① 当汽车一侧后轮陷于泥潭或被悬空时。将会出现什么现象? 有何缺点? 如何解决? ② 人力三轮车在行驶中,为什么会出现跑偏(自动转弯) 现象(因人力三轮车的后轮轴上无差速器,为解决在转弯时两后轮应以不同转速转动的需要,其后轮是单侧驱动的,即两后轮一个为驱动轮,另一个为空套在后轴上的随动轮)。

教学过程中应注意强调应用反转法原理求解周转轮系传动比方法的实质、转化机构的概念、正确划分基本轮系的方法。要注意突出重点,多采用启发式教学以及教师和学生的互动。

三、典型题解

题 9.1 在题 9.1 图示周转轮系中,已知各齿轮的齿数 $z_1=15,z_2=25,z_{2'}=20,z_3=60$,齿轮 1 的转速 $n_1=200$ r/min ,齿轮 3 的转速 $n_3=50$ r/min ,其转向相反。

(1)求行星架 H 的转速 n_H 的大小和方向;

(2)当轮 3 固定不动时,求 n_H 的大小和方向。

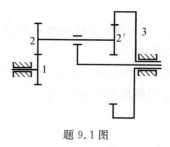

题 9.1 图

解 (1)图示为一差动轮系。其转化机构的传动比为

$$i_{13}^H=\frac{n_1-n_H}{n_3-n_H}=-\frac{z_2\times z_3}{z_1\times z_{2'}}=-\frac{25\times 60}{15\times 20}=-5$$

设齿轮 1 的转速为正值,则齿轮 3 的转速为负值,将已知值代入得

$$n_H=\frac{n_1+5n_3}{6}=\frac{200+5(-50)}{6}=-\frac{50}{6}=-8.33\text{ r/min}$$

转向与齿轮 3 的转向相同。

（2）当轮 3 固定不动时，$i_{13} = 1 - i_{13} = 6, n_H = 33.3$ r/min

方向与 n_1 的方向相同。

题 9.2 在题 9.2 所示双螺旋桨飞机的减速器中，已知 $z_1 = 26, z_2 = 20, z_4 = 30, z_5 = 18$，及 $n_1 = 1\,5000$ r/min，试求 n_P 和 n_Q 的大小和方向（提示：先根据同心，求得 z_3 和 z_6 后再求解）。

解 根据同心条件：

$$z_3 = z_1 + 2 \times z_2 = 26 + 2 \times 20 = 66$$

$$z_6 = z_4 + 2 \times z_5 = 20 + 2 \times 18 = 66$$

$4 - 5 - 6 - Q$ 组成行星轮系

$$i_{46} = \frac{n_4 - n_Q}{n_6 - n_Q} = -\frac{z_6}{z_4} = 1 - i_{4Q} \quad (1)$$

$1 - 2 - 3 - P$ 组成行星轮系

$$i_{13} = \frac{n_1 - n_P}{n_3 - n_P} = -\frac{z_3}{z_1} = 1 - i_{1P} \quad (2)$$

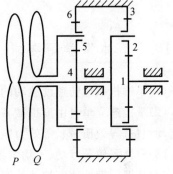

题 9.2 图

轮系之间的关联：$i_P = i_4 \quad (3)$

$i_{1Q} = i_{14} \cdot i_{4Q} = 11.323, \quad n_Q = 1\,324.737$ r/min（与 n_1 同向）

$$i_{14} = 1 - i_{13} = 3.538\,5, \quad n_P = 4\,329 \text{ r/min（与 } n_1 \text{ 同向）。}$$

题 9.3 在题 9.3 图示轮系中，已知：蜗杆为单头且右旋，转速 $n_1 = 1\,440$ r/min，转动方向如图示，其余各轮齿数为：$z_2 = 40, z_{2'} = 20, z_3 = 30, z_{3'} = 18, z_4 = 54$，试：

（1）说明轮系属于何种类型；

（2）计算齿轮 4 得转速 n_4；

（3）在图中标出齿轮 4 的转动方向。

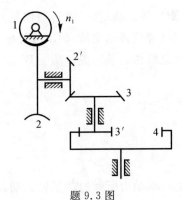

题 9.3 图

解 （1）定轴轮系 。

（2）$n_4 = \dfrac{z_1 \cdot z_{2n} \cdot z_{3n} \cdot n_1}{z_2 \cdot z_3 \cdot z_4} = \dfrac{1 \times 20 \times 18}{40 \times 30 \times 54} \times 1440 = 8$ r/min

（3）n_4 方 向 ←。

第10章 机械的运转及其速度波动的调节

10.1 本章学习要求

(1)了解机械运转速度波动的原因和类型。了解周期性波动与非周期性波动的区别。

(2)掌握建立单自由度机械系统机械运动方程式及等效动力学模型的方法。正确求解等效转动惯量(等效质量)、等效力矩(等效力)。

(3)定性了解盈亏功、不均匀系数和飞轮转动惯量之间的关系。

(4)掌握周期性速度波动的调节方法,飞轮调速的原理和飞轮设计的方法。

(5)了解非周期性速度波动的调节方法。

10.2 本章重点与难点

1.本章的重点

机械系统等效动力学模型的建立及其求解和机械运转速度波动及其调节方法。

2.本章的难点

本章难点为等效力(等效力矩)、等效质量(等效转动惯量)的求解以及飞轮转动惯量的确定。等效力(等效力矩)、等效质量(等效转动惯量)的求解要按照前面的公式进行求解。

飞轮转动惯量的求解关键点是机械的最大盈亏功 $\triangle W_{max}$ 的计算。

10.3 本章学习方法指导

本章比较抽象,有一定难度。

1.速度波动的概念和调节

机械是在外力作用下运转的。驱动力所做的功是输入功,阻力所做的功是输出功。许多机械在某段工作时间内,输入功和输出功不等。若输入功大于输出功,则机械运转的速度增加,否则会降低,这就形成了机械运转速度的波动。这种波动会使运动副产生附加动压力,因此对速度波动必须进行调节。

(1)周期性速度波动的概念和调节。

1)周期性速度波动的根本特征。在机械的一个稳定运动循环中,驱动力所作的功与阻力所作的功是相等的,也就是说:在一个运动周期中功的增量 $\Delta W = 0$,所以动能的增量 $\Delta E = 0$。但在机械运转过程中的某一时间间隔内,$\Delta W \neq 0, \Delta E \neq 0$,因而机械运转中呈现速度的波动。不过这种波动是有规律的,呈周期性的。因此,可在机械中设置一个其有很大转动惯量的飞轮,以使驱动力所作的功大于阻力所作的功时,可将其盈功转化成动能贮存起来,而使主轴的角速度略增;反之,可将动能释放出来,以补功之不足,而使主轴的角速度略减。所以,飞轮能够减小周期性速度波动的幅度;同时还能帮助机械渡过高峰载荷,以便合理利用原动机功率。

2) 机械系统等效动力学模型的建立及求解。

a. 机械系统动力学模型的建立:机械系统真实运动规律取决于作用在机械上的外力和各构件的质量和转动惯量。求解时一般是先根据动能定理建立机械运动方程式,即

$$dE = dW \tag{10.1}$$

但在上式中,同时涉及多个构件的运动参数,求解十分不便。为了简化求解过程,可将一单自由度机械系统,转化为仅包含一个等效构件的等效动力学模型,该等效构件所具有的动能等于原机械系统的动能,其上作用的力或力矩的瞬时功率等于作用在原机械系统上的所有外力(力矩)在同一瞬时功率的代数和。该等效构件的转动惯量(质量)称为等效转动惯量(等效质量);作用在此等效构件上的力矩(力)称为等效力矩(等效力)。

b. 机械运动方程式的求解:建立等效动力学模型后,机械系统的运动方程式简化为

$$d(J_e \omega^2/2) = M_e \omega dt = M_e d\varphi \tag{10.2}$$

对上式进行推演,可得力矩形式的机械运动方程

$$J_e \frac{d\omega}{dt} + \frac{\omega^2}{2} \frac{dJ_e}{d\varphi} = M_e \tag{10.3}$$

动能形式的机械运动方程式

$$\frac{1}{2} J_e \omega^2 - \frac{1}{2} J_{e0} \omega_0^2 = \int_{\varphi_0}^{\varphi_R} M_e d\varphi \tag{10.4}$$

对于不同的机械系统,等效转动惯量是机构位置的函数(或常数),而等效力矩可能是位置、速度或时间的函数。求解时,可视具体情况,利用式(10.2)、式(10.3)或式(10.4)来进行求解。

若等效力矩 M_e = 常数,等效转动惯量 J_e = 常数,则由式(10.3)可得

$$\alpha = \frac{d\omega}{dt} = M_e/J_e \tag{10.5}$$

如果已知初始条件为当 $t = t_0$ 时,$\varphi = \varphi_0$,$\omega = \omega_0$,则得

$$\omega = \omega_0 + \alpha t \tag{10.6}$$

$$\varphi = \varphi_0 + \omega_0 t + \frac{1}{2} \alpha t^2 \tag{10.7}$$

c. 飞轮转动惯量的计算:机械周期性速度波动的程度可用机械运转速度不均匀因数 δ 来表示,其定义为角速度波动的幅度 $\omega_{max} - \omega_{min}$ 与平均角速度 ω_m 之比,即 $\delta = (\omega_{max} - \omega_{min})/\omega_m$,其中,$\omega_m$ 为平均角速度,且 $\omega_m = (\omega_{max} + \omega_{min})/2$。

计算时,应使 δ 小于其允许值,即 $\delta \leqslant [\delta]$,为此所需的飞轮转动惯量为

$$J_F \geqslant \Delta W_{max}/\omega_\omega^2 [\delta] - J_e \tag{10.8}$$

式中,$\Delta W_{max} = E_{max} - E_{min}$ 为最大盈亏功。

若 $J_e \ll J_F$,J_e 可忽略不计,则有

$$J_F \geqslant \Delta W_{max}/\omega_m^2 [\delta] = 900 \Delta W_{max}/\pi^2 n^2 [\delta]$$

式中,n 为额定转速(r/min)。

在飞轮转动惯量计算中,最大盈亏功 ΔW_{max} 的计算是关键。最大盈亏功 ΔW_{max} 是指机械

系统在一个运动循环中动能变化的最大差值,其大小不一定等于系统盈功或亏功的最大值,应根据能量指示图来确定。

(2)非周期性速度波动的概念和调节。某些机器,速度波动没有一定的循环周期,也没有一定的动的机组,其驱动功在很长时间内一直大于(或一直小于)阻抗功。这种情况用飞轮已不能达到调速的目的,而必须用专门的调整速器来调节机组的速度。现代调速器种类很多,有机械的,也有采用电器或电子元件来调速的,对于蒸汽机、内燃机等为原动机的机械,其调节非周期性速度波动的方法是通过安装调速器来实现。关于调速器的详细知识,可参阅有关的专门书籍,本教材中只简单介绍一种所谓离心式调速器的工作原理图。作了解即可。

2.机械的调速重点知识结构

本章重点知识结构见表10.1。

表 10.1　本章重点知识结构

机械运动速度波动的调节
- 速度波动的原因:驱动力矩和阻力矩不是时刻相等。
- 速度波动的分类
  - 周期性速度波动:一个周期内输入功能和输出功相等
  - 非周期性速度波动:很长时间内输入功能和输出功不等
- 调节方法
  - 周期性波动安装飞轮调节
  - 非周期性性用调速器调节
- 飞轮调速
  - 原理:飞轮相当于一个能量储存器
  - 设计步骤:最大盈亏工 → 飞轮的转动惯量 → 飞轮尺寸
  - 设计公式:$J = A_{max}/\omega_m^2\delta$
  - 最大盈亏功
    - $M - \Phi$ 图 $\begin{cases}\omega_{max} \text{ 和 } \omega_{min} \text{ 两点间力矩} \\ \text{曲线正、负面积的代数和}\end{cases}$
    - 能量指示图:最高点和最低点间的垂直距离

10.4　本章考点及典型例题分析

1.本章考点

本章考点有以下几方面:

(1)平面连杆机构的等效转动惯量和等效力矩的计算(常与机构的速度分析相结合);

(2)轮系中的等效转动惯量和等效力矩的计算(常与轮系传动比的计算相结合);

(3)飞轮转动惯量的确定(常利用机械周期性速度波动时,M_{ed} 与 M_{er} 变化的一个公共周内,驱动功与阻抗功相等的原理);

(4)在已知等效力矩变化规律的情况下,求等效构件的 ω_{max} 和 ω_{min} 及其出现的位置。

2.典型例题解析(参考解答附例题之后)

例题 10.1(填充题)　速度波动产生的原因是(　　)的增减 。

例题 10.2(填充题)　由于驱动力与阻力的等效力矩或(和)机械的等效转动惯量的周期性变化所引起的主动轴(　　)波动 称为周期性速度波动。

例题 10.3(填充题)　由于驱动力或(和)阻力的无规律变化所引起的主动轴角速度波动称为(　　)速度波动。

例题 10.4(填充题)　飞轮可以调节周期性速度波动的原因是飞轮具有很大的(　　)量 。

例题 10.5（填充题）　刚性转子的不平衡可以分为（　　）不平衡 和（　　）不平衡 两种。

例题 10.6（判断题）　周期性速度波动和非周期性速度波动的调节方法分别是飞轮和调速器。　　　　　　　　　　　　　　　　　　　　　　　　　　　（　　）

例题 10.7（判断题）　为了减小飞轮的重量和尺寸,应将飞轮装在高速轴上。　（　　）

例题 10.8（判断题）　静平衡的刚性转子不一定是动平衡的,动平衡的刚性转子一定是静平衡的。　　　　　　　　　　　　　　　　　　　　　　　　　　（　　）

例题 10.9（选择题）　机械系统中安装飞轮后可使其周期性速度波动（　　）。

A. 增强　　　　　　B. 减小　　　　　　　C. 消除

例题 10.10（选择题）　为了减小机械运转中周期性速度波动的程度,应在机械中安装（　　）。

A. 调速器　　　　　B. 飞轮　　　　　　　C. 变速装置

例题 10.11（选择题）　机器安装飞轮后,原动机的功率与未安装飞轮时（　　）。

A. 一样大　　　　　B. 相比变大　　　　　C. 相比变小　　　　D. A 和 C 的可能性都存在

例题 10.12（问答题）　在什么情况下机械才会作周期性速度波动? 速度波动有何危害? 如何调节?

例题 10.13（问答题）　飞轮为什么可以调速? 能否利用飞轮来调节非周期性速度波动, 为什么?

例题 10.14（问答题）　在什么情况下机械才会作周期性速度波动? 速度波动有何危害? 如何调节?

例题 10.15（问答题）　为什么说在锻压设备等中安装飞轮可以起到节能的作用?

3. 典型例题参考答案

例题 10.1【机械动能】　例题 10.2【角速度的周期性】　例题 10.3【非周期性】

例题 10.4【转动惯量】　　例题 10.5【（不平衡）（不平衡）】　例题 10.6【（√）】

例题 10.7【（√）】　　例题 10.8【（√）】　　例题 10.9【（B）】　　例题 10.10【（B）】

例题 10.11【（D）】

例题 10.12 答:周期性速度波动:作用在机械上的等效驱动力矩与等效阻力矩并不时时相等,某一时段内其驱动功和阻抗功往往不相等,致使机器出现盈功或亏功,等效构件的角速度也随之上升和下降,产生速度波动。若在一个循环中等效驱动力矩作的功和等效阻力矩所作的功相等,机器动能增量为零,则等效构件的速度在一个运动循环的始末是相等的,将发生周期性速度波动。

危害:速度波动会导致在运动副中产生附加的动压力,并引起机械的振动,降低机械的寿命、效率和工作质量。

调节方法:周期性速度波动的调节方法是增加等效构件的质量或转动惯量,使等效构件的角加速度 a 减小,从而使机器的运转趋于平衡,通常用安装飞轮来实现;对非周期性速度波动的调节是设法使驱动力矩和阻力矩恢复平衡关系,常用调速器来调节。

例题 10.13 答:飞轮之所以能调速,是利用了它的储能作用,由于飞轮具有很大的转动惯量,故其转速只要略有变化,就可储存或者释放很大的能量。当机械出现盈功时,飞轮可将多余的能量储存起来,而当出现亏功时,飞轮又可将能量释放出来以弥补能量的不足,从而使机械速度波动的幅度降下来。

非周期性速度波动不能利用飞轮来调节,通常靠安装调速器的方法来调节。因为非周期性速度波动的机械的驱动功和阻抗功已失去平衡,机械已不再是稳定运转,机械运转的速度将持续升高或持续下降,此时必须利用调速器从机器的外部来调节输入机器的能耗,所以飞轮只能在机器内部起转化和调节的作用。

例题 10.14 答:周期性速度波动:作用在机械上的等效驱动力矩与等效阻力矩并不时时相等,某一时段内其驱动功和阻抗功往往不相等,致使机器出现盈功或亏功,等效构件的角速度也随之上升和下降,产生速度波动。若在一个循环中等效驱动力矩作的功和等效阻力矩

例题 10.15 答:因为安装飞轮后,飞轮起到一个能量储存器的作用,它可以用动能的形式把能量储存或释放出来。锻压机械在一个工作周期中,工作时间很短,峰值载荷很大,安装飞轮不但可以调速,而且还利用飞轮在机械非工作时间所储存的能量来帮助克服其尖峰载荷,从而可以选用较小功率的原动机来拖动,达到减少投资及降低能耗的目的。

10.5 复习题与习题参考解答

10.3 "周期性速度波动"与"非周期性速度波动"的特点,它们各用什么方法来调节?经过调节之后主轴能否获得匀速转动?

答   机械有规律的速度波动变化为周期性的速度波动。系统速度波动随机的、不规则的,没有一定周期的为非周期性速度波动。调节周期性速度波动的常用方法是在机械中加上转动惯量很大的回转件 —— 飞轮。非周期速度波动常用调速器调节。经过调节后只能使主轴的速度波动得以减小,而不能彻底根除。

10.7 飞轮为什么可以调速?能否利用飞轮来调节非周期性速度波动,为什么?

解:飞轮之所以能调速,是利用了它的储能作用,由于飞轮具有很大的转动惯量,故其转速只要略有变化,就可储存或者释放很大的能量。当机械出现盈功时,飞轮可将多余的能量储存起来,而当出现亏功时,飞轮又可将能量释放出来以弥补能量的不足,从而使机械速度波动的幅度降下来。

非周期性速度波动不能利用飞轮来调节。因为非周期性速度波动的机械的驱动功和阻抗功已失去平衡,机械已不再是稳定运转,机械运转的速度将持续升高或持续下降,此时必须利用调速器从机器的外部来调节输入机器的能耗,所以飞轮只能在机器内部起转化和调节的作用。

10.8   造成机械振动的原因主要有哪些?常用什么措施加以控制?

答:造成机械振动的原因是多方面的,主要有:

(1) 机械运转的不平衡力形成扰动力,造成机械运转的振动;

(2) 作用在机械上的外载荷的不稳定引起机械的振动。

(3) 高副机械中的高副形状误差(如齿廓误差)引起的振动。

(4) 其他。如锻压设备引起的冲击振动、运输工具的颠簸摇摆等。

常用的用于控制、减小设备的振动和噪声的方法有:

1) 减小扰动。即提高机械制造质量,改善机械内部的平衡性和作用在机械上的外载荷的波动幅度。

2）防止共振。通过改变机械设备的固有频率、振动频率,改变机械设备的阻尼等。

3）采用隔振、吸振、减振装置。

10.6　自我检测题

1.填空题　　见附录Ⅱ应试题库:1.填空题中 10(6)题。

2.判断题　　见附录Ⅱ应试题库:2.判断题中 10(84)和 10(85)题。

3.选择题　　见附录Ⅱ应试题库:3.选择题中 10(63)～10(65)题。

4.问答题　　见附录Ⅱ应试题库:4.问答题中 10(51)和 10(52)题。

10.7　导教(教学建议)

一、教学重点

(1)关于等效质量、等效转动惯量和等效力、等效力矩的概念及其计算方法;

(2)单自由度机械系统等效动力学模型的建立;

(3)机械运转产生周期性和非周期性速度波动的根本原因及其调节方法的基本原理。

机器动力学研究的主要内容是两类基本问题:其一,是分析机器在运转过程中其各构件的受力情况,以及这些力的作功情况,教材第四章介绍的内容就是这方面的问题;其二,是研究机器在已知外力作用下的运动,这是本章将要研究的主要问题之一。

如何建立机械的等效动力学模型? 依据:一般机械的自由度为 1,对于自由度为 1 的机械,只要能确定其某一构件的真实运动规律,其余构件的运动规律也就相应的确定了。其方法:在我们研究机械的运转情况时,可就机械中某一选定的构件来进行研究,但为了保持原有的运动状态,要把其余所有构件的质量、转动惯量都等效的转化(即折算)到这个选定的构件上去,并把各构件上所作用的力、力矩也都等效的转化到这个构件上去。然后列出此构件的运动方程式,研究其运动规律。这一过程,就是建立等效动力学模型。显然,这里关于质量、转动惯量、力及力矩的等效转化的概念是非常重要的。所以必须把质量、转动惯量、力及力矩等效转化的条件和方法搞清楚。

机器的真实运动规律是由其各构件的尺寸、质量、转动惯量和作用在各构件上的力等许多因素决定的。由于这些因素的变动,机械运动速度一般是波动的,这种速度波动将直接影响到机械的工作,所以必须设法加以调节,使其速度波动控制在许可的范围之内,这就是调速问题。这是本章将要研究的另一主要问题。

在学习本章时,对上述将要研究的两个主要问题,思想必须明确,并对研究的方法多加注意。

二、教学难点

学习难点是:最大盈亏功的确定及机械运动方程。

在讲机械的周期性速度波动时,应先指出,虽然机械处于稳定运转状态,但作用在机械上的等效驱动力矩和等效阻抗力矩却在作周期性的变化,因此会引起机械运转速度的周期性波动。

机械运转速度不均匀的程度用什么来衡量呢？由此就可提出平均速度及速度不均匀系数的概念。再由机械运转不均匀带来的危害性，进而提出调速的要求。

由式：$\delta = \Delta W_{max}/\omega_m^2(J_F + J_C) \leq [\delta]$ 知，只要在机械中增加一个转动惯量足够大的飞轮，就可使 $\delta \leq [\delta]$ 的要求满足。而要确定飞轮的转动惯量的关键，在于求出最大盈亏功 ΔW_{max}。应进一步强调最大盈亏功的含义是一个机械在转动周期中所出现的最大盈功或亏功的绝对值。关于 ΔW_{max} 的确定利用能量指示图重点讲授。

至于飞轮尺寸的确定，由教师简单提示后，由学生自学。

对上式的几点讨论：

ⅰ）当 ΔW_{max}，ω_m 一定时，J_F 与 $[\delta]$ 成反比，若要 $[\delta]$ 很小，J_F 就要很大，故过分追求机械运转的均匀性是不恰当的。

ⅱ）由于 $J_F \neq \infty$，故 $\delta \neq 0$，说明在装上飞轮后，机械的运转也不是绝对均匀的，只不过速度的波动有所减小而已。

ⅲ）当 ΔW_{max}，$[\delta]$ 一定时，若 ω_m 大，则 J_F 可减小，则将飞轮安装在速度较高的轴上是有利的。但这时除要注意安装外，还要注意安装轴和飞轮的强度，飞轮的线速度不要超过许用值。

至于飞轮尺寸的确定，由学生自学。

关于机械的非周期性波动，可以推土机，拖拉机等的工作情况为例来说明。它们工作阻力的变化往往是非周期性的。如推土机在推土时，工作阻力迅速增大，且越来越大，这时若驱动力不能相应随之增大，使之与阻抗力的变化相适应，就会长时间地处于 Mer＞Med 的状态，机械运转的速度就会越来越慢，最后以致"熄火"；相反，在推土过程完成后，工作阻抗力突然减小，这时若驱动力不能随之减小，就会长时间处于 Med＞Mer 的状态，机械的运转速度就会越来越高，甚至可能出现飞车，使机械遭到破坏。为避免上述两种情况的发生，就需要一种调速器的装置对机械的非周期性速度波动进行调节，使驱动力矩与阻抗力矩达到彼此相适应。

三、典型题解

题 10.1 题 10.1 图（a）示为某机组在一个稳定运转循环内等效驱动力矩 M_d 和等效阻力矩 M_r 的变化曲线，并已在图中写出它们之间包围面积所表示的功值（N·d）。试确定最大赢亏功 ΔW_{max}；

若等效构件平均角速度 $\omega_m = 50$ rad/s，运转速度不均匀系数 $\delta = 0.1$，试求等效构件的 ω_{min} 及 ω_{max} 的值及发生的位置。

解 （1）作功变化图如题 10.1 图（b）所示。有 $\Delta W_{max} = 130$（N·d）

（2）因为：$\omega_m = (\omega_{max} + \omega_{min})/2$；

$$\delta = (\omega_{max} - \omega_{min})/\omega_m$$

所以：$\omega_{max} = 102.5$ rad/s，$\omega_{min} = 97.5$ rad/s

ω_{max} 出现在处 b，ω_{min} 出现在 e 处。

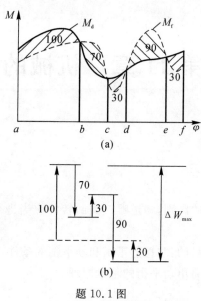

（a）

（b）

题 10.1 图

题 10.2   机械在一个稳定运转循环内的等效驱动力矩 M_d 和等效阻力矩 M_r（为常数）如题 10.2 图示，等效转动量为常量（含飞轮在内），且 $J_e = 0.314 \text{ kg} \cdot \text{m}^2$，等效构件初始角速度 $\omega_0 = 20 \text{ rad/s}$。试作：

（1）画出机械动能变化的示意线图 $E(\varphi)$；

（2）求等效构件的最大、最小角速度：$\omega_{\max}$，$\omega_{\min}$；

（3）计算机械运转的不均匀系数 δ。

解   （1）如题 10.2 图（b）所示。

（2）运动方程的积分形式

$$\int_0^{\pi/2} (M_d - M_r) d\varphi = (\omega_{\min}^2 - \omega_0^2) J_e/2$$

$$\omega_{\min} = 14.14 \text{ rad/s}$$

$$\int_{\pi/2}^{3\pi/2} (M_d - M_r) d\varphi = (\omega_{\max}^2 - \omega_{\min}^2) J_e/2$$

$$\omega_{\max} = 24.49 \text{ rad/s}$$

（3） $\omega_m = (\omega_{\min} + \omega_{\max})/2 = 19.32 \text{ rad/s}$

$$\delta = (\omega_{\min} - \omega_{\max})/\omega_m = 0.536$$

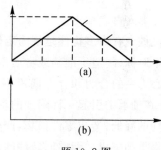

（a）

（b）

题 10.2 图

第11章 机械的平衡

11.1 本章学习要求

(1)了解静平衡与动平衡的区别,知道哪一类回转件应当进行静平衡,哪一类回转件应当进行动平衡;

(2)了解回转构件平衡的目的,掌握静平衡和动平衡的条件;

(3)了解静平衡实验法和简单动平衡的基本原理。

11.2 本章重点与难点

本章重点是回转构件的静平衡和动平衡原理,静平衡试验法。

本章难点是刚性转子的动平衡计算。

11.3 本章学习方法指导

1.本章内容综述

机械中有许多构件是绕固定轴线回转的,这类作回转运动的构件称为回转件。回转件的结构不对称、制造不准确或材质不均匀,都会使整个回转件在转动时产生离心力系的不平衡,使离心力系的合力和合力偶矩不等于零。它们的方向随着回转件的转动而发生周期性的变化,并在轴承中引起一种附加的动压力,使整个机械产生周期性的振动,引起机械工作精度和可靠性的降低,造成零件损坏,产生噪声等。近年来随着高速重载和精密机械的发展,上述问题显得更加突出。调整回转件的质量分布,使回转件工作时离心力系达到平衡,以消除附加动压力,尽量减轻有害的机械振动,这就是回转件平衡的目的。

2.机械的静平衡

由于制造和装配上的误差以及材质的质量分布不均等原因,实际上回转件往往是不平衡的,其不平衡的情况,各回转件是不同的,而且单凭人的感觉是发现不了的,必需逐个用试验的办法加以平衡。静平衡试验是在静平衡试验机上进行的,该机是根据静不平衡转子的质心偏离回转轴线会产生静力矩的原理来设计的。经过多次反复试验,可找出转子不平衡质径积的大小和方位,并由此确定所需平衡质量的大小和方位。

3.回转件的动平衡

(1)动平衡计算。对于轴向尺寸较大的回转件,由于质量不是分布在同一回转平面内这类回转件转动时产生的离心惯性力构成空间力系,计算是比较复杂的,是本章的难点。解决此难

点,必须明确以下几点:

1)转子的动平衡问题是一个空间力系的平衡问题,但在动平衡计算中,是将它转化为两个平衡基面内的平面汇交力系的平衡问题来求解。

2)转子的动平衡计算与该转子支承点的位置无关,但与所选平衡平面的位置有关,即两平衡质径积的大小和方向随平衡平面的位置不同而不同。

3)在动平衡计算中,在将每一个不平衡质径积向两个平衡基面分解时,应注意其分量的正负号。如当所选两个平衡基面位于某一不平衡质径积的同一侧时,则距该不平衡质径积较远的那个平衡基面内其分量应是负值。

(2)动平衡试验。动平衡试验是在动平衡机上进行,以确定需加于两个平衡基面上的平衡质量的大小及方位。目前使用较多的动平衡机是根据振动原理设计的,它利用测振传感器将转子转动时产生的惯性力所引起的振动信号变为电信号,再通过电子线路加以处理和放大,最后由电子仪器显示出转子一个平衡基面上应加的平衡质量的大小和方位。而另一平衡基面上应加的平衡质量的大小和方位,可用同样的方法来确定。

经过平衡试验的转子,一般不可能达到完全平衡,实际上过高的要求也是不必要的。因此应根据不同的实际使用要求,选定合适的平衡精度等级,来确定许用的不平衡质径积$[mr]$或许用偏心距$[e]$。

限于学时时和学习深度的要求,动平衡作为选学内容,不必过细研究,知道概念即可。

4.机械平衡的重点知识结构

基知识结构见表 11.1。

表 11.1　本章重点知识结构

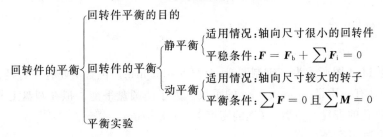

11.4　本章考点及典型例题解析

1.本章考点

(1)机构动、静平衡的基本概念和原理。

(2)转子的静平衡计算和静平衡试验。

本章不是本课程的重点,一般考题分值不多,多以选择、填空和简答等题型出现。

2.典型例题解析(参考解答附例题之后)

例题 11.1(填充题)　机械平衡的目的是_____。

例题 11.2(填充题)　静平衡和动平衡的关系为_____。

例题 11.3(判断题)　经过平衡计算并在设计时予以平衡的刚性转子,通常可以不进行平衡试验。

　　　　　　　　　　　　　　　　　　　　　　　　　　　　　　　　　　(　)

例题 11.4（判断题）　刚性转子的动平衡必选两个平衡平面。　　　　　（　　）

例题 11.5（选择题）　静转子的许用不平衡量可用质径积$[mr]$或许用偏心距$[e]$两种表示方法,前者为（　　）。

　　A. 便于比较平衡的检测精度　　　　**B.** 与转子质量无关　　　　**C.** 便于平衡操作

例题 11.6（选择题）　达到静平衡的刚性回转件,其质心（　　）位于回转轴线上。

　　A. 一定　　　　　　**B.** 不一定　　　　　　**C.** 一定不

例题 11.7（选择题）　平面机构的平衡问题,主要是讨论机构惯性力和惯性力矩对（　　）的平衡。

　　A. 曲柄　　　　**B.** 连杆　　　　**C.** 机座　　　　**D.** 从动件

例题 11.8（简答题）　刚性回转件的平衡有哪几种情况? 如何计算? 从力学观点看,它们各有什么特点?

例题 11.9（计算题）　题 11.14 图所示的圆盘上存在两个不平衡质量,$m_1 = 1$ kg,$r_1 = 50$ mm;$m_2 = 1.2$ kg,$r_2 = 80$ mm,m_1 与 m_2 之间的夹角为 90°。圆盘的转速 $n = 1\ 460$ r/min,若不进行静平衡,求支承上附加动压力的 P_Σ 大小。

3. 典型例题参考答案

例题 11.1【消除或减少机械中的惯性力,以提高机械的承载能力、降低机械产生的振动与噪声】

例题 11.2【经过静平衡的回转件不一定是动平衡的,而经过动平衡的回转件必定是静平衡的。】

例题 11.3【(错)】**例题 11.4**【(对)】　**例题 11.5**【(C)】**例题 11.6**(【A】**例题 11.7**【C】

11.5　复习题与习题参考解答

11.4　题 11.4 图所示为一钢制圆盘,盘厚 $b = 50$ mm。位置 I 处有一直径 $\varphi = 50$ mm 的通孔,位置 II 处有一质量 $m_2 = 0.5$ kg 的重块。为了使圆盘平衡。拟在圆盘上 $r = 200$ 舢处制一通孔,试求此孔的直径与位置。（钢的密度 $\rho = 7.8$ g/cm³。）

解　根据静平衡条件有

$$m_1 r_I + m_2 r_{II} + m_b r_b = 0$$

$$m_1 r_{II} = 0.5 \times 20 = 10 \text{ kg} \cdot \text{cm}$$

$$m_2 r_2 = \rho \times \frac{\pi}{4} \times \phi^2 \times b \times r_1 =$$

$$7.8 \times 10^3 \times \frac{\pi}{4} \times 5^2 \times 5 \times 10 = 7.66 \text{ kg} \cdot \text{cm}$$

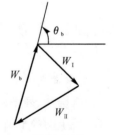

题 11.3 图

取 $\rho_w = 4$(kg·cm)/cm,作质径积矢量多边形如图 11.3 所示,所添质量为 $m_b = \mu_W W_b / r = 4 \times 2.7 / 20 = 0.54$ kg,$\theta_b = 72°$,可在相反方向挖一通孔,其直径为

$$d_b = \sqrt{\frac{4 m_b}{\pi b \rho \times 10^{-3}}} = 4.20 \text{ cm} = 42 \text{ mm}$$

11.5　动平衡的构件一定是静平衡的,反之亦然,对吗? 为什么? 在题 11.5 图所示两相

曲轴中,设各曲拐的偏心质径积均相等,且各曲拐均在同一轴平面上。试说明两者各处于何种平衡状态?

答:动平衡的构件一定是静平衡的,反之不一定。因各偏心质量产生的合惯性力平衡,但合惯性力偶不一定平衡。图 a 处于动平衡,图 b 处于静平衡状态。

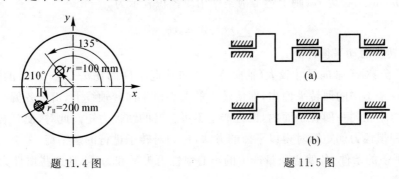

题 11.4 图　　　　　　　　　题 11.5 图

11.6　自我测试题

1.填空题　　见附录 Ⅱ 应试题库:1.填空题中 1(62) ～ 11(64) 题。

2.判断题　　见附录 Ⅱ 应试题库:2.判断题中 11(86) ～ 11(88) 题。

3.选择题　　见附录 Ⅱ 应试题库:3.选择题中 11(70) 题。

4.问答题　　见附录 Ⅱ 应试题库:4.问答题中 11(53) 题。

七、导教(教学建议)

一、教学重点

1.机械平衡的目的和分类

(1)平衡的目的:将构件的不平衡惯性力加以平衡以消除或减小其不良影响,改善机构工作性能。

(2)机械平衡的分类:由于各构件结构和运动形式的不同,机械的平衡主要分为两类:

1)转子的平衡:转子的不平衡惯性力可利用在该构件上增加或除去一部分质量的方法予以平衡。这类转子又可分为刚性转子和挠性转子两种。

2)机构的平衡:机构平衡即机械在机座上的平衡,其实质就是消除机构在机座上引起的动压力,设法平衡这个总惯性力和总惯性力偶矩,使作用于机构的总惯性力 F 和总惯性力偶矩 M 分别为零。

2.刚性转子的平衡

1)刚性转子的平衡计算:

① 刚性转子的静平衡计算。对于轴向尺寸较小(轴向宽度 b 与其直径 D 的比 $(b/D) < 0.2$ 的盘状转子,将其质量看做是分布在垂直于其回转轴线的同一平面内。若其质心不在回转轴线上,则当其转动时就会产生离心惯性力。对于这类转子,利用在刚性转子上加减平衡质量的

方法,使其质心回到回转轴线上,从而使转子的惯性力得以平衡,此即为静平衡。

静平衡的条件:各偏心质量产生的离心惯性力矢量和为零,即

$$\sum \boldsymbol{F} = 0$$

设平衡 m_b 的矢径为 $\boldsymbol{r}_b$,则上述平衡条件用质径积表示为

$$\sum m_i \boldsymbol{r}_i + m_b \boldsymbol{r}_b = 0$$

② 刚性转子的动平衡计算:

(a) 动平衡:对于轴向尺寸较大(轴向宽度 b 与其直径 D 的比 $b/D \geqslant 0.2$) 的转子,其偏心质量分布在几个不同的回转平面内,即使转子的质心位于回转轴线上,由于各偏心质量所产生的离心惯性力不在同一回转平面内,也将产生不可忽略的惯性力矩。此时,使其各偏心质量产生的惯性力和惯性力偶矩同时得以平衡的方法,称为对转子进行的动平衡。

(b) 动平衡的条件:各偏心质量产生的离心惯性力矢量和为零,且这些惯性力所构成的力矩矢量和为零,即

$$\sum \boldsymbol{F} = 0, \quad \sum \boldsymbol{M} = 0$$

(c) 动平衡计算的方法:首先选定两回转平面作为平衡基面,其次将各不平衡质量产生的惯性力分别分解到两个平衡基面中,如此,动平衡即转化为在两平衡基面内的静平衡计算问题。只要在两平衡基面内适当的分别各增加一平衡质量,使得各平衡基面内的惯性力之和为零,即可得到转子的动平衡。

2) 刚性转子的平衡实验:

a.静平衡实验。静平衡实验是在静平衡机上进行的。静平衡机是根据静不平衡转子的质心偏离回转轴线会产生静力矩的原理来设计的。经过多次反复试验,可找出转子不平衡质径积的大小和方位,并由此确定所需平衡质量的大小和方位。

b.动平衡实验。动平衡实验是在动平衡机上进行的。动平衡机的作用是用来测定需加于两平衡面中的平衡质量的大小及方位,并进行校正。

3.平面机构的平衡

(1) 惯性力的完全平衡。完全平衡是使机构的总惯性力恒为零,主要有两种方法:利用平衡机构平衡和利用平衡质量平衡。

(2) 惯性力的部分平衡。由于完全平衡将会使机构的结构复杂、体积增加或者会使机构的质量大大增加,故实际中常采用部分平衡法,即只平衡掉机构总惯性力的一部分,主要有三种方法:利用平衡机构平衡、利用平衡质量平衡和利用弹簧平衡。

二、教学难点

1.难点1:等效力矩(力)、等效转动惯量(质量)的计算

分析机器中各构件上的已知力和力矩,并计算各力和力矩所产生的功率,然后根据等效构件上等效力或等效力矩产生的功率与各构件上已知力和力矩所产生的功率相等原则,确定等效力和等效力矩。

如果以绕固定轴线转动的构件 AB 为等效构件,则等效力矩 M_V 与等效力 F_V 的关系式为

$$M_V = F_V l_{AB}$$

根据整个机器的动能与等效构件的动能 $\frac{1}{2}J_V\omega_V^2$ 或 $\frac{1}{2}m_Vv_V^2$ 相等的原则,可确定等效转动惯量和等效质量。

若以绕固定轴线转动的构件 AB 为等效构件,则等效转动惯量 J_V 与等效质量 m_V 的关系式为

$$J_V = m_V l_{AB}^2$$

2. 难点 2:最大盈亏功 W_y 的计算

最大盈亏功 W_y 的计算可根据竿卓学季甲来进行。需要注意的是,最大盈亏功 w_y 是机器在一个运动循环中动能变化的最大值,并不一定是整个机器系统在其运动的全部时间内动能变化的最大值。

三、例题选讲

题 11.1 在题 11.1 图所示的机械中,已知齿轮 1 和齿轮 2 的齿数 $Z_1=20,Z_2=40$,其转动惯量分别为 $J_1=0.001 \text{ kg·m}^2$,$J_2=0.002 \text{ 5 kg·m}^2$;滑志 3 的质量 $m_3=0.5 \text{ kg}$;构件 4 的 $m_4=2 \text{ kg}$(质心为 S_4 点,S_4 在构件 4 的中心),$J_{S_4}=0.02 \text{ kg/m}^2$;$l_{AB}=0.1 \text{ m}$,$l_{CD}=0.3 \text{ M}$;$AC$ 与 CD 夹角为 $30°$;作用在机械上的驱动力矩 $M_1=4 \text{ N·m}$,阻力矩 $M_4=25 \text{ N·m}$。试求机械在图示位置工作时齿轮 1 的角加速度 ε。

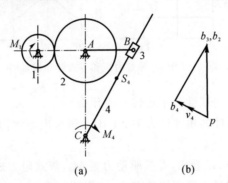

(a)　　　　　　(b)

题 11.1 图　齿轮导杆机构

解　因为要计算齿轮 1 的角加速度,所以应以齿轮 1 为等效构件来进行分析计算。齿轮 1 为等效构件时的等效转动惯量为

$$J_V = \sum_{i=1}^n \left(\frac{V_{Si}}{\omega_V}\right)^2 + \sum_{i=1}^n J_{Si}\left(\frac{\omega_i}{\omega_V}\right)^2 = J_1 + J_2\left(\frac{\omega_2}{\omega_1}\right)^2 + J_{S_4}\left(\frac{\omega_4}{\omega_1}\right)^2 + m_3\left(\frac{\omega_{B_3}}{\omega_1}\right) + m_4\left(\frac{v_{S_4}}{\omega_1}\right)^2$$

等效力矩为

$$M_V = \sum_{i=1}^n F_i \frac{V_{Si}\cos\alpha_i}{\omega_V} + \sum_{i=1}^n \left(\pm M_i \frac{\omega_i}{\omega_V}\right) = M_1 - M_4\left(\frac{\omega_4}{\omega_1}\right)$$

任选比例尺芦、,作速度多边形,如题 11.1 图(b)所示,可得

$$\frac{\omega_4}{\omega_1} = \frac{\omega_4}{\frac{z_2}{z_1}\omega_2} = \frac{1}{2}\frac{\omega_4}{\omega_2} = \frac{1}{2}\frac{\frac{v_{B4}}{l_{BC}}}{\frac{v_{B3}}{l_{AB}}} = \frac{1}{2}\times\frac{0.1}{2\times0.1}\times\frac{23}{48} = 0.12$$

$$\frac{v_{B3}}{\omega_1} = \frac{v_{B3}}{\frac{z_2}{z_1}\omega_2} = \frac{1}{2}\frac{v_{B3}}{\omega_2} = \frac{1}{2}l_{AB} = 0.05 \text{ m}$$

$$\frac{v_{S4}}{\omega_1} = \frac{v_{S4}}{\frac{z_2}{z_1}\omega_2} = \frac{1}{2}\frac{v_{S4}}{\omega_2} = \frac{1}{2}\frac{\overline{pS_4}}{\overline{pb_3}/l_{AB}} = \frac{1}{2} \times 0.1 \times \frac{17.25}{48} = 0.018 \text{ m}$$

代入等效转动惯量、等效力矩的计算式,有

$$J_v = 0.001 + 0.002\,5 \times \left(\frac{1}{2}\right)^2 + 0.02 \times 0.12^2 + 0.5 \times 0.005^2 + 2 \times 0.018^2 = $$

$$0.003\,8 \text{ kg} \cdot \text{m}^2$$

$$M_v = 4 - 25 \times 0.12 = 1 \text{ N} \cdot \text{m}$$

故角加速度 ε 为

$$\varepsilon = \frac{M_V}{J_V} = \frac{1}{0.003\,8} = 263.16 \text{ rad/s}^2$$

题 11.2 某机器的等效驱动力矩 M_d,等效阻力矩 M_r 及等效构件的转动惯量 J_v,如题 11.2 图所示。试求:

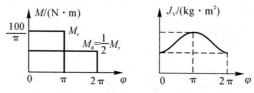

题 11.2 图　等效力矩和等效转动惯量图

(1) 该等效构件能否作周期性稳定运转?为什么?

(2) 若 $\varphi=0$ 时,等效构件的角速度为 100 rad/s,试求出等效构件角速度的最大值 ω_{max},最小值 ω_{min},并指出其出现的位置。

解 (1) 由题 11.2 图可以看出,等效驱动力矩 M_d,等效阻力矩 M_r 均呈周期性变化,变化周期为 2π,同时等效转动惯量也呈周期性变化,其周期也为 2π,所以该等效构件作周期性稳定运转,周期为 2π。

(2) 在 $0 \leqslant \varphi \leqslant \pi$ 时,出现亏功,$\Delta W_1 = \left(\frac{100}{2\pi} - \frac{100}{\pi}\right)\pi = -50 \text{ N} \cdot \text{m}$;

在 $\pi \leqslant \varphi \leqslant 2\pi$ 时,出现盈功,$\Delta W_2 = \left(\frac{100}{2\pi} - 0\right)\pi = 50 \text{ N} \cdot \text{m}$。在一个周期内的能量指示图如题 11.3 图所示,从图中可以看出,当 $\varphi=\pi$ 时,系统的能量最低,此时等效构件的角速度最小,当 $\varphi=2\pi$ (或 0°) 时,系统的能量最高,此时等效构件的角速度最大。所以,最大角速度 ω_{min} 为 $\varphi=0$ 时的角速度,即

题 11.3 图

$$\omega_{max} = 100 \text{ rad/s}$$

最小角速度

$$\omega_{min} = \sqrt{\frac{J_{V0}}{J_V}\omega_{V0}^2 + \frac{2}{J_V}\int_0^\pi (M_d - M_r)\mathrm{d}\varphi} = \sqrt{\frac{0.05}{0.1} \times 100^2 + \frac{2}{0.1} \times \left(-\frac{100}{2\pi}\right)\pi} = 63.24 \text{ rad/s}$$

第12章 机械系统的方案设计

12.1 本章学习要求

(1)了解机械系统设计的整个过程,明确机械系统总体方案设计阶段的设计目的及工作内容。

(2)掌握执行机构型式设计的原则,学会运用选型和构型的方法进行执行机构型式的创新设计。

12.2 本章重点与难点

1.本章的重点

(1)机械系统总体方案设计阶段的设计内容和设计思想。

(2)机械执行系统方案设计的内容和全过程,执行系统方案设计的具体方法。

2.本章的难点

本章的难点在于是否能静下心来,用足够的时间,根据指导的方法,实际做几次练习。

初步掌握并体会设计思路和方法。在机械系统运动方案的设计过程中,如何在多个方案中确定出符合要求的最佳设计方案。

12.3 本章学习方法指导

1.机械总体方案设计阶段的设计内容

机械总体方案设计是机械产品设计中十分重要的一环,产品的功能是否齐全、性能是否优良,在很大程度上取决于总体方案设计阶段的工作,其主要包括下述内容。

(1)执行系统的方案设计。执行系统的方案设计是机械总体方案设计的核心。它对机械系统能否实现预期的功能以及工作质量的优劣和产品在市场上的竞争力,都起着决定性的作用。它主要包括:根据机械预期实现的功能要求,构思合适的工作原理;根据工作原理所提出的工艺过程的特点,设计合适的运动规律;根据执行构件的运动规律,设计执行机构的型式;进行各执行机构间的协调配合设计;对方案进行评价和决策等。

(2)传动系统的方案设计。传动系统方案设计是机械总体方案设计的重要组成部分。当完成了执行系统方案设计和原动机的预选型后,即可根据执行系统所需要的运动和动力条件及初选的原动机的类型和性能参数,进行传动系统的方案设计了。它主要包括:确定传动系统的总传动比;选择合适的传动类型;拟定传动链的布置方案;分配各级传动比;确定各级传动机构的基本参数;对方案进行评价和决策等。

(3)在方案评价的基础上,进行方案决策,绘制机械总体方案运动简图,并编写设计计算说明书。

2.机械总体方案设计阶段的设计思想

要创造性地完成总体方案的设计工作,设计者的设计思想至关重要。本章简要介绍了现代设计思想、系统工程思想和工程设计思想的概念和内涵,读者应在学习和实践的过程中逐步加深对这些设计思想的理解,并学会在执行系统方案设计和传动系统方案设计中正确、灵活地运用这些设计思想。特别要注意掌握现代设计与传统设计的区别,以避免陷入传统的经验性、狭窄的专业范围、定型的思维方式、主观的直接决策和过早地进入封闭的常规设计。需要指出的是,现代设计的观念是随着科学技术的发展不断变化的,读者应在学习和工作过程中密切注视有关科学技术的发展动向,不断拓宽自己的知识视野,同时注意收集日常生活和学习过程中接触到的各种产品的设计实例(不一定只局限于机械产品),从而了解是什么样的设计思想促使了产品的开发和改型。

3. 本章重点知识结构

本章知识结构见表12.1。

表12.1 本章重点知识结构

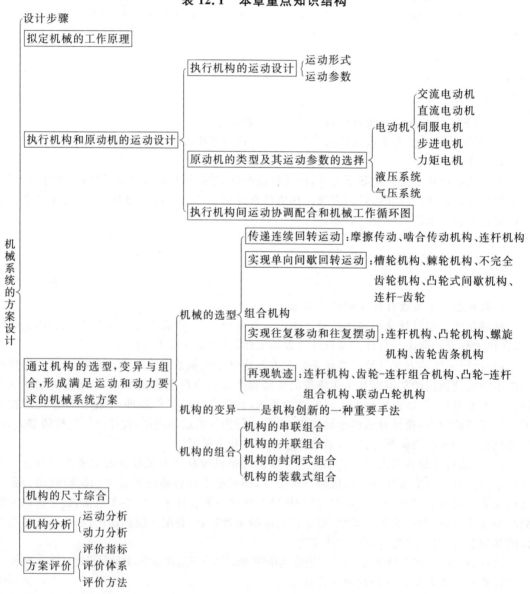

12.4 本章考点及典型例题解析

1. 本章考点

由于进行较为完整的机械传动系统方案设计需要较多的时间和精力,所以本章的学习往往结合着机械原理课程设计进行。考题中涉及本章的考点常见的有以下两个方面:

(1)对给定的传动方案进行简单的分析和评价。

(2)给定设计要求,拟定可能的机械传动系统方案。

本章多以概念简答、填空、判断等题型出现。

2. 典型例题解析(参考解答附例题之后)

例题 12.1(填空题) 工作循环图的三种形式:①_____ ②_____ ③_____。

例题 12.2(填空题) 机构选型途径有:①_____ ②_____ ③_____。

例题 12.3(填空题)评价机械系统方案优劣的指标包括① _____ ② _____ ③_____ ④_____ ⑤_____ ⑥_____。

例题 12.4(简答题) 为什么要对机械进行功能分析?这对机械系统设计有何指导意义?

例题 12.5(简答题) 什么是机械的工作循环图?

例题 12.6(简答题) 工作循环图在机械传动系统设计中的作用?

例题 12.7(简答题) 在选型时应考虑哪些问题?

例题 12.8(简答题) 拟定机械传动方案的基本原则有哪些?

3. 典型例题的参考解答

例题 12.1【①直线式工作循环图;②圆周式工作循环图;③直角坐标式工作循环图】

例题 12.2【 ①从常用机构中选择;②机构变异;③机构组合;④利用最小阻力定律使传动机构简化】

例题 12.3【①机械功能的实现质量;②机械的工作性能;③机械的动力性能;④机械的经济性能;⑤机械结构的合理性;⑥社会性】

例题 12.4【答:(1)在确定机构产品的功能指标时应进行科学分析,以保证产品的先进性、可行性和经济性。实现机械功能的工作原理,决定着机械产品的技术水平、工作质量、系统方案、结构形式和成本等。

(2)指导意义:用于考察传动系统能否全面满足机械的运动和动力功能要求;为机械的工作能力和结构设计提供必要的数据】

例题 12.5【答:为了保证机械在工作时其各执行构件间动作的协调配合关系,在设计机械时编制的用以表明机械在一个工作循环中各执行构件运动配合关系的循环图】

例题 12.6【答:①保证各执行构件的动作相互协调、紧密配合,使机械顺利实现预期的工艺动作。②为进一步设计各执行机构的运动尺寸提供重要依据。③为机械系统的安装、调试提供依据。(4)若机械传动系统中,各执行构件间的运动具有协调配合关系时,在设计机械时应编制出工作循环图,否则不用编制】

例题 12.7【答:在选型时应考虑机构的工作特点、性能和工作场合、动力要求等问题。】

例题 12.8【答:(1)拟定机械传动方案的基本原则有:①采用尽可能短的运动链②优先选用基本机构;③应使机构有较高的机械效率;④合理安排不同类型传动机构的顺序;⑤合理分

配传动比;⑥保证机构的安全运转】

12.5 复习题与习题参考解答

12.1 设计机械系统方案要考虑哪些基本要求? 设计的大致步骤如何?

答:设计机械系统方案需要考虑:执行构件的数目、运动形式和运动参数;原动件的类型及其运动参数;能量由原动机到执行构件的传递;运动形式和运动大小由原动机到执行构件的改变等,此外还应包括对整个系统的控制。

设计的一般步骤:①拟定机械的工作原理;②执行构件和原动机的运动设计;③机构的选型、变异与组合;④机构的尺寸综合;⑤方案分析;⑥方案评审。

12.2 为什么要对机械进行功能分析? 这对机械系统设计有何指导意义?

答:在确定机构产品的功能指标时应进行科学分析,以保证产品的先进性、可行性和经济性。实现机械功能的工作原理,决定着机械产品的技术水平、工作质量、系统方案、结构形式和成本等。

对机械系统设计的指导意义:用于考察传动系统能否全面满足机械的运动和动力功能要求,功能分析为机械的工作能力和机构设计提供必要的数据 o。

12.3 什么是机械的工作循环图? 可有哪些形式? 工作循环图在机械系统设计中有什么作用? 是否对各种机械系统设计时都需要首先作出其工作循环图?

答:表明机械在一个工作循环中各执行构件运动配合关系的图形称为机械的工作循环图。工作循环图通常有直线式、圆周式以及直角坐标式三种形式。机械的工作循环图不但表明了各机构的动作之间的配合关系,而且从中还可以得出某些机构设计的原始参数,在机械的设计、调试过程中它都有重要的作用。若机械工作时,其各构件间动作没有协调配合关系,则可以不必绘制其工作循环图。因此在做各种机械传动系统设计时,并不一定需要首先作出其工作循环图。

12.4 机构选型有哪几种途径? 在选型时应考虑哪些问题?

答:机构选型的途径:①从常用机构中选择;②机构变异;③机构组合;④利用最小阻力定律使传动机构简化。

在选型时应考虑机构的运动形式、工作特点、性能和工作场合、动力等要求。

12.5 拟定机械传动方案的基本原则有哪些?

答:拟定机械传动方案的基本原则:①采用尽可能简短的运动链;②优先选用基本构;③应使机械有较高的机械效率;④合理安排不同类型传动机构的顺序;⑤合理分配传动比;⑥保证机械的安全运转。

12.6 评价机械系统方案优劣的指标包括哪些方面?

答:评价机械系统优劣的指标包括:①机械功能的实现质量;②机械的工作性能;③机械的动力性;④机械的经济性;⑤机械结构的合理性。

12.6 自我测试题

1.填空题　见附录Ⅱ应试题库:1.填空题中 12(65)题。

2.判断题 见附录Ⅱ应试题库:2.判断题中 12(89)和 12(90)题。

3.问答题 见附录Ⅱ应试题库:3.问答题中 12(54)和 12(55)题。

12.7 导教(教学建议)

一、教学重点

1.学习要求

(1)了解机械传动系统设计的任务及大体的设计步骤。

(2)了解在拟定机械传动系统方案时应考虑的基本原则及要点。

(3)了解机构选型的基本知识。

(4)了解机械的运动循环图和机构组合应用的基本知识。

2.重点内容提要

(1)机械设计的一般过程。根据机械设计任务大小的不同,设计过程的繁简程度当然也不会一样,但大致都要经过如表 12.2 所示的几个阶段。

表 12.2 机械设计的一般过程

阶段	内 容	应完成的任务
计划	1.根据市场需要,或受用户委托,或由上级下达,提出设计任务; 2.进行可行性研究,重大的应召开有各方面专家参加的评审论证会; 3.编制设计任务书	1.提出可行性报告; 2.提出设计任务书,任务书应尽可能详细具体,它是以后设计、评审、验收的依据; 3.签订技术经济合同
方案设计	1.根据设计任务书,通过调查研究和必要的试验分析,提出若干个可行方案; 2.经过分析对比、评价、决策,确定最佳方案	提出最佳方案的原理图和机构运动简图
技术设计	1.绘制总装配图和部件装配图; 2.绘制零件工作图; 3.绘制电路系统图、润滑系统图等; 4.编制各种技术文件	1.提出整个设备的标注齐全的全套图纸; 2.提出设计计算说明书、使用维护说明书、外购件明细表等
试制试验	通过试制、试验发现问题、加以改进	1.提出试制、试验报告; 2.提出改进措施
投产以后	设备投产以后,并非设备设计工作的终结,还要根据用户的意见、生产中发现的问题以及市场的变化作相应改进和更新设计	收集问题,发现问题,改进设计

(2)机械系统方案设计的步骤。机械系统方案设计一般按下述步骤进行。

1)拟定机械的工作原理。根据生产或市场需要,制定机械的总功能,拟定实现总功能的工作原理和技术手段,确定出机械所要实现的工艺动作。

2）执行构件和原动机的运动设计。根据机械要实现的功能和工艺动作,确定执行构件的数目、运动形式、运动参数及运动协调配合关系,并选定原动机的类型和运动参数。

3）机械的选型、变异与组合。根据机械的运动及动力等功能的要求,选择能实现这些功能的机械类型,必要时应对已有机械进行变异,创造出新型的机构,并对所选机构进行组合,形成满足运动和动力要求的机械传动系统方案,绘制传动系统的示意图。

4）机械的尺寸综合。根据执行构件和原动机的运动参数,以及各执行构件运动的协调配合要求,确定各构件的运动尺寸,绘制机械传动系统的机构运动简图。

5）方案分析。对机械传动系统进行运动和动力分析,考察其能否全面满足机械的运动和动力功能要求,必要时还应进行适当调整。运动和动力分析结果也将为机械的工作能力和结构设计提供必要的数据。

6）方案评审。通过对众多方案的评比,从中选出最佳方案。

二、教学难点

本章是全书理论知识的高度概括和综合应用,较抽象,有一定难度。但本章却不是考试重点,所以一般很少有学校的考研试题涉及到本章内容。建议按主教材中本章内容顺序予以解析和自学指导。限于篇幅,在此不再赘述。

三、例题选讲

例题 12.1 评价机械传动方案优劣的指标包括哪些方砸?

【解题过程】评价机械传动方案优劣的指标包括:

(1)机械功能的实现质量。　(2)机械的工作性能。　(3)机械的动力性能。　(4)机械的经济性。　(5)机械结构的合理性。

例题 12.2 打印设备为了实现打印功能,可以采取哪些工作原理?试观察各类打印设备,具体说明原理方案的多样性。

【知识点窍】本例题将机械原理和实际联系起来。想想打印时所要做的动作便可得出结论。

【解题过程】可采用多种工作原理,如机械打击、喷墨、电子成像、热敏等。

例题 12.3 设计一向盒装食品的日期打印机,食品盒为硬纸板制作,尺寸为长×宽×高 $=100 \text{ mm} \times 30 \text{ mm} \times 60 \text{ mm}$,生产率为 60 件/min,试设计该机械的传动系统方案。

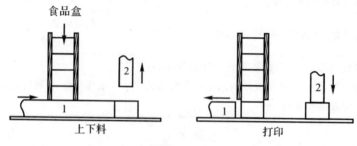

例题 12.1 图

【解题过程】　参考提示:

该系统可设计两个执行构件:食品盒的上下料实现机构、日期打印机构。

运动形式为单向间歇平动,要求两执行构件的运动协调配合,如例题 12.1 图所示构件 1 推料,构件 2 打印,食品盒自动落料。

可采用气动传动,分别用两个气缸带动执行构件 1,2。

例题 12.4　有一四工位料架,供应四种不同的原材料,为节省时间,料架可以正、反转,每次步进(前进或后退)90°,该料架的转动惯量较大,每次停歇的位置应较为准确,每次转位的时间≤1 s。试设计传动系统的方案。

【解题过程】　参考提示:

料架的正反转通过交流异步电动机来实现。

转位采用槽轮机构。

解:杆架的正后转通过交流异步电动机实现。本工件转动惯量大,要求每次停歇位置准确,故采用槽轮机构。该传动系统的方案设计为:异步交流电动机(实现正、反转)′+槽轮机构(转位)—执行构件。

提示:本章主要是对机械系统的方案设计进行了简单介绍,不是考试重点,所以基本上没有学校的考研试题涉及到本章内容,读者简单了解即可,因此,本部分也就没有选用考研真题。

* 第 13 章　工业机器人机构学基础

13.1　本章学习要求

(1)了解工业机器人操作机的分类及主要指标;

(2)了解机器人操作机的运动分析;

(3)了解机器人操作机的静力和动力分析;

(4)了解机器人操作机机构的设计。

13.2　本章重点与难点

本章重点是工业机器人的分类、组成。

本章难点是操作机的主要技术指标及运动分析。

13.3　本章学习方法指导

工业机器人由操作机(机械本体)、控制器、伺服驱动系统和检测传感装置构成,是一种仿人操作、自动控制、可重复编程、能在三维空间完成各种作业的机电一体化自动化生产设备。特别适合于多品种、变批量的柔性生产。它对稳定、提高产品质量,提高生产效率,改善劳动条件和产品的快速更新换代起着十分重要的作用。机器人应用情况,是一个国家工业自动化水平的重要标志。机器人技术是综合了计算机、控制论、机构学、信息和传感技术、人工智能、仿生学等多学科而形成的高新技术。

学习过程中应对工业机器人的组成情况及其分类有所了解,学习时应掌握工业机器人的机构学分类,并能对其主要技术指标有明确认识;对工业机器人操作机的运动分析的方法及步骤有所认识,建立操作机运动方程式的关键是掌握建立各坐标系的规定。应搞清楚机器人操作机运动分析的两类问题,对工业机器人操作机的力分析(静力分析及动力分析)有所认识。

13.4　本章考点及典型例题解析

1.本章考点

(1) 机器人操作机的运动分析;

(2) 机器人操作机机构的设计。

多以填空、判断、选择和简答等题型出现。

2.典型例题解析　(参考解答附例题之后)

例题 13.1(填空题)　工业机器人由_____、_____和_____三大部分组成。

例题 13.2（填空题） 工业机器人按照手臂运动的形式可以分为＿＿＿＿、＿＿＿＿、＿＿＿＿和＿＿＿＿四种类型。

例题 13.3（判断题） 自由度即用来确定手部相对机座的位置和姿态的独立参变数的数目，它等于操作机独立驱动的关节数目。 （ ）

例题 13.4（判断题） 工作空间即操作机的工作范围，通常以手腕中心点在操作机运动时所占有的体积来表示。 （ ）

3. 典型例题解析参考解答

例题 13.1【机械部分、传感部分 和 控制部分】 例题 13.2【直角坐标型、圆柱坐标型、球坐标型、关节型】 例题 13.3【（√）】 例题 13.4【（√）】

13.5 复习题与习题参考解答

13.1 何谓工业机器人？什么是智能机器人？机器人与一般自动控制机器有何本质的区别？

答：工业机器人是一种能自动定位控制并可重新编程予以变动的多功能机器。它有多个自由度，可用来搬用材料、零件和握持工具，以完成各种不同的作业。

智能机器人是一种具有多种传感器，像许多类似人类的"生物传感器"如皮肤型接触传感器、力传感器、负载传感器、视觉传感器、声觉传感器、语言功能等。能感知和领会外部环境信息，并且具有理解人下达的语言指令能力的机器。

13.3 机器人学与哪些学科有密切的关系？机器人学的发展对机械学科会产生什么影响？

答：机器人学涉及力学、机械学、电气液压技术、自控技术、传感技术等学科，但归纳起来是机械学和微电子学的结合———机电一体化技术。第三代智能机器人不仅具有获取外部环境信息的各种传感器，而且还具有记忆能力、语言理解能力、推理判断能力等人工智能，这些都是微电子技术的应用，特别是与计算机技术的应用密切相关。

机器人学的发展使得机械学科得到了更为广泛的应用，并且促进了机械学科的进一步发展，同时反映了一个国家机械技术乃至工业技术的发展水平。

13.6 自我测试题

1. 判断题 见附录Ⅱ应试题库：2. 判断题中 13(91)和 13(92)题。
2. 问答题 见附录Ⅱ应试题库：3. 问答题中 13(56)题。

13.7 导教（教学建议）

一、教学重点

从机构学的角度看，工业机器人可以认为是用一系列关节连接起来的连杆所组成的开链机构。工业机器人运动学研究的是各连杆之间的位移关系、速度关系和加速度关系。本章仅研究位移关系，重点是研究手部相对于机座的位姿与各连杆之间的相互关系。"位姿"是"位置和姿态"的简称。工业机器人手部相对于机座的位姿与工业机器人各连杆之间的相互关系直接相关。

为了便于数学上的分析,一般选定一个与机座固联的坐标系,称为固定坐标系,并为每一个连杆(包括手部)选定一个与之固联的坐标系,称为连杆坐标系。一般把机座也视为一个连杆,即零号连杆。这样,连杆之间的相互关系可以用连杆坐标系之间的相互关系来描述。工业机器人手部相对机座的位姿就是固联在手部的坐标系相对固定坐标系的位姿。工业机器人运动学主要包括正向运动学和反向运动学两类问题。正向运动学是在已知 各个关节变量的前提下,解决如何建立工业机器人运动学方程,以及如何求解手部相对固定坐标系位姿的问题。反向运动学则是在已知手部要到达目标位姿的前提下,解决如何求出关节变量的问题。反向运动学也称为求运动学逆解。

工业机器人相邻连杆之间的相对运动不是旋转运动,就是平移运动,这种运动体现在 连接两个连杆的关节上。物理上的旋转运动或平移运动在数学上可以用矩阵代数来表达,这种表达称之为坐标变换。与旋转运动对应的是旋转变换,与平移运动对应的是平移变换。坐标系之间的运动关系可以用矩阵之间的乘法运算来表达。用坐标变换来描述坐标系(刚体)之间的运动关系是工业机器人运动学分析的基础。

在工业机器人运动学分析中要注意下面四个问题:①工业机器人操作臂可以看成是一个开式运动链,它是由一系列连杆通过转动或移 动关节串联起来的。开链的一端固定在机座上,另一端是自由的。自由端安装着手爪(或 工具,统称手部或末端执行器),用以操作物体,完成各种作业。关节变量的改变导致连 杆的运动,从而导致手爪位姿的变化。②在开链机构简图中,关节符号只表示了运动关系。在实际结构中,关节由驱动器驱动,驱动器一般要通过减速装置(如用电机或马达驱动)或机构(如用油缸驱动)来驱 动操作臂运动,实现要求的关节变量。③为了研究操作臂各连杆之间的位移关系,可在每个连杆上固联一个坐标系,然后描述这些坐标系之间的关系。④在轨迹规划时,人们最感兴趣的是手部相对于固定坐标系的位姿。

二、教学难点

难点是操作机的主要技术指标及运动分析。

三、典型题解

题 13-1 简述工业机器人的定义,说明机器人的主要特征。

答:机器人是一种用于移动各种材料、零件、工具、或专用装置,通过可编程动作来执行种种任务并具有编程能力的多功能机械手。

(1)机器人的动作结构具有类似于人或其他生物体某些器官(肢体、感官等)的功能。

(2)机器人具有通用性,工作种类多样,动作程序灵活易变。

(3)机器人具有不同程度的智能性,如记忆、感知、推理、决策、学习等。

(4)机器人具有独立性,完整的机器人系统在工作中可以不依赖于人的干预。

题 13-2 工业机器人与数控机床有什么区别?

答:(1)机器人的运动为开式运动链而数控机床为闭式运动链。

(2)工业机器人一般具有多关节,数控机床一般无关节且均为直角坐标系统。

(3)工业机器人是用于工业中各种作业的自动化机器而数控机床应用于冷加工。

(4)机器人灵活性好,数控机床灵活性差。

第14章 机械原理基础性实验指导

本章主要介绍机械原理课程所涉及的 3 个基础性实验:机构测绘实验、齿轮范成原理实验、回转体动平衡实验。通过这部分实验内容,使学员进一步深入理解相关理论知识,加强学员对理论知识具体工程应用的理解和掌握,培养学员的动手能力和初步实践能力,重在认识型机构的原理、性能和具体应用,掌握机械原理的基本理论知识。

实验一 机构测绘实验

【实验目的】

(1)通过对典型机构的分析,了解主动件和从动件的运动形式,主动件与从动件之间的运动传递和变换方式,机构组成及其类型,机构中构件的数目和构件间所组成运动副的数目、类型、相对位置等。

(2)掌握从实际机构中绘制机构运动简图的原则、方法和技巧。

(3)针对实物机构,熟练掌握其自由度的计算。

(4)验证机构具有确定运动的条件。

(5)加深对机构组成及其结构分析的理解。

【实验仪器及设备】

(1)若干个机构模型。

(2)自备三角尺、圆规、铅笔、稿纸等。

【实验原理】

由于机构的运动仅与机构中构件的数目和构件所组成运动副的数目、类型、相对位置有关,因此,当绘制机构运动简图时,可以忽略构件的形状和运动副的具体构造,而用一些简略的符号来代表构件和运动副,并按一定的比例表示各运动副的相对位置,以此表示机构的运动特征。

区分各运动副元素是准确查找各运动副的关键,也是准确绘制机构运动简图的关键所在。要注意把握运动副要素的特点,例如,回转副是两个构件以圆柱面相连接,两个构件之间作相对回转运动;移动副是两个构件以平面相连接,两个构件之间作相对移动。只有通过多看机构、多看实例才能从中很好地把握运动副元素的特点,从而准确地分析运动副及机构工作的方式。找到运动副之后,然后再找构件的尺寸。这一步的关键点是要准确确定运动副元素,例如回转中心、移动导路中心线、高副的接触点等。

【实验方法】

(1)当测绘时使被测绘的机构缓慢地运动,从原动件开始仔细观察机构的运动,分清各个运动单元,从而确定组成机构的构件数目。

(2)根据相互连接的两构件间的接触情况及相对运动的特点,确定各个运动副的类型。

(3)在草稿纸上,徒手按规定的符号及构件的连接顺序,从原动件开始,逐步画出机构运动简图的草图。用数字 1,2,3,…分别标注各构件,用字母 A,B,C,…分别标注各运动副。

(4)仔细测量与机构运动有关的尺寸,即转动副间的中心距和移动副某点导路的方位线等,选定原动件的位置,并按下式选择一定的长度比例画出正式的机构运动简图:

$$\mu_1 = \frac{\text{实际长度(m)}}{\text{图上长度(mm)}}$$

【实验步骤】

(1)找出机构主动件和从动件,驱动主动件使机构缓慢运动,观察机构的组成情况和运动情况。

(2)从主动件开始,确认活动构件及其数目,以及固定构件(机架)。

(3)从主动件开始,按照运动的传递顺序,仔细观察两连接构件之间的接触性质及相对运动,以确认运动副的类型。最后找出各运动副的数目。

(4)合理选择视图平面,一般选择与绝大多数构件的运动平面相平行的平面作为视图平面。按所选的视图平面,在草稿纸上徒手画出机构示意图。并从主动件开始,依次用数字表示各构件,用字母表示各运动副。

(5)计算机构自由度,并检验与机构主动件数目是否一致。

(6)仔细测量机构的运动学尺寸,以确定机构位置。

(7)选取适当的比例尺:长度比例

(8)绘制机构运动简图,按一定比例尺,用制图仪器画出机构运动简图。

(9)举例:如图 14.1(a)为某泵的模型,图 14.1(b)测绘其运动简图。

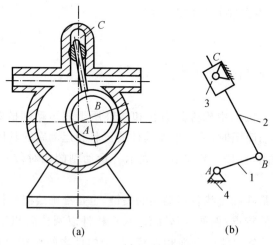

图 14.1 泵机构运动图

(a)泵模型; (b)泵机构运动简图

1—曲柄; 2—连杆; 3—滑块; 4—机架

1)确定构件数目:该泵由机架 4、偏心轮 1(原动件)、连杆 2、摇块 3 共四个构件组成。

2)确定运动副类型:偏心轮 1 相对机架 4 绕 A 点作回转运动,故构件 1 和构件 4 组成转动副,其转动中心为 A。连杆 2 相对偏心轮 1 绕 B 点作回转运动,故也组成转动副,其转动中心为 B。连杆 2 相对于摇块 3 沿导路 B—C 移动,故连杆 2 与摇块 3 组成移动副。摇块 3 相对于机架 4 绕圆心 C 点作回转运动,故摇块 3 与机架 4 组成转动副,其转动中心为 C。

3) 绘制机构运动简图:首先选定视图平面,绘制机构示意图(草图)$F=3\times3-2\times4=1$,计算自由度数与实际相符,测量机构运动尺寸,确定比例尺 μ。而后绘制机构运动简图,如图 14.1(b) 所示。

【实验报告】

(1)构件分析。

(2)运动副数目。

(3)绘制机构运动简图。

(4)计算自由度。

(5)判断能否成为机构。

【分析与思考】

(1)通过本实验,阐述机构运动简图的内涵。机构运动简图应准确反映实际机构中的哪些项目?

(2)当绘制机构运动简图时,原动件的位置为什么可以任意选择?这会不会影响简图的正确性?

(3)机构自由度的计算对测绘机构运动简图有何帮助?机构具有确定运动的条件是什么?

*(4)对所测绘的机构能否进行改进?试设计新的机构运动简图。

实验二　渐开线齿轮的范成实验

用范成法加工齿轮是目前齿轮加工业广泛应用的加工技术。通过该实验可以亲自体验用齿条插刀加工标准渐开线齿轮的过程;通过变换刀具位置,了解怎样形成变位齿轮的过程。通过渐开线齿轮的范成实验,有助于加深对齿轮加工和啮合原理的理解。

【实验目的】

(1)模拟用范成法切制渐开线齿轮的过程。

(2)了解齿轮的根切现象及采用变位修正来避免根切的方法。

(3)分析比较标准齿轮和变位齿轮在形状和几何尺寸等方面的异同点。

【实验仪器及设备】

(1)齿轮展成仪。加工齿轮的方法很多,范成法是以齿轮啮合原理进行加工齿轮的常用方法。范成法加工齿轮是利用一对齿轮互相啮合时,齿廓曲线互为包络线的原理。齿轮轮坯的瞬心线(加工节圆)和齿条刀的瞬心线(加工节线)对滚,刀具齿廓即可包络出被加工齿轮的齿廓。范成法加工齿轮时,需将刀具形成包络线的各个位置记录下来,才能看清轮齿的范成过程,做本实验时,用图纸做轮坯,用齿轮范成仪来实现刀具与轮坯的对滚,再用笔将刀刃的各个位置画在轮坯上,就清楚地显示出轮齿的范成过程。齿轮范成仪的构造如图 14.2 所示。

圆盘 1 绕固定在机架上的轴心 O 转动,刀具 2 利用圆螺母 4 和拖板 3 固联,圆盘 1 的背面固联一齿轮与拖板 3 上的齿条相啮合。当拖板 3 在机架导轨上水平移动时,圆盘 1 相对与拖板 3 转动,完成范成运动。松开圆螺母 4 后,刀刃 2 相对于被加工齿轮 3 可径向移动,用以调整齿条刀具中线和齿轮分度圆之间的径向距离,则切制出标准齿轮或变位齿轮。圆螺母 5 用来把作为轮坯的图纸固定在圆盘 1 上。

（2）直径 200 mm 白纸一张。

（3）普通测量尺及圆规、铅笔、量角器（学生自备）。

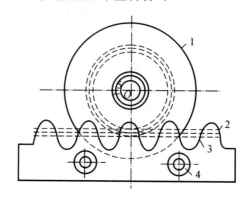

图 14.2　轮范成仪

1—圆盘；　2—刀具；　3—拖板；　4、5—圆螺母

【实验步骤】

（1）测量确定范成仪上齿条刀具的模数，齿形角，齿顶高系数和顶隙系数。

（2）确定被加工齿轮的齿数并计算被加工齿轮的几何尺寸。

（3）在图纸上画出被加工齿轮的分度圆、基圆、齿顶圆和齿根圆（只画 180^0）。

（4）把作为轮坯的图纸放在圆盘 1 上，用圆螺母 5 将其压紧。

（5）切制标准齿轮。

1）调制刀具 2 的位置，使刀具中线与被加工齿轮的分度圆相切。

2）把刀具移向左端，使刀具的齿廓退出齿顶圆，用铅笔描下刀具在此位置的齿廓，然后每当刀具向右端移动 2～3 mm 时，重复描下齿廓，一直到包络出两个完整的轮齿为止。

（6）观察切制出来的标准齿轮齿廓有无根切。

（7）切制变位齿轮。

1）根据被切齿轮的齿数计算出不产生根切的最小变位系数。调整齿条刀的径向位置，将其向远离轮坯中心的方向移动一段距离（等于它的变位量）。

2）拧松圆螺母 5，将图纸转过 180。，再拧紧圆螺母 5。

3）按范成标准齿轮同样的方法，形成两个完整的轮齿。

（8）观察切制出来的变位齿轮齿廓有无根切。

（9）松开圆螺母 5，取下图纸，在切制出的两个齿轮上分别标明分度圆半径 r、齿顶圆半径 r_a、基圆半径 r_b、齿根圆半径 r_f、分度圆齿厚 s、分度圆齿槽宽 e 的值。

【注意事项】

（1）为了节约实验时间与纸片，可将标准齿轮与变位齿轮的轮坯以直径为界面画在同一纸上。

（2）当轮坯纸片安装在托盘 1 上时应固定可靠，在实验过程中不得随意松开或重新固定，否则可能导致实验失败。

（3）应自始至终将滑架从一个极根位沿一个方向逐渐推动直到画出所需的全部齿廓，不得来回推动，以免展成仪啮合间隙影响实验结果的精确性。

【分析与思考】

(1)当用范成法加工渐开线齿轮时,什么情况下会发生根切?若要避免根切可采取什么措施?

(2)在什么情况下,渐开线齿轮的齿高不能保持标准全齿高,需要略作削减?

(3)产生根切现象的原因是什么?如何避免根切现象产生?

(4)齿廓曲线是否全是渐开线?

(5)变位后齿轮的哪些尺寸不变?轮齿尺寸将发生什么变化?

(6)比较标准齿轮与变位齿轮的齿形,填写实验报告如附报告表 2 所示。

实验三 刚性转子动平衡实验

【实验目的】

(1)掌握动平衡实验的基本原理。

(2)了解 YYH—160 型动平衡机的基本操作方法,及进行转子动平衡的基本方法。

【实验内容】

动平衡机上刚性转子动平衡实验。

【实验仪器及设备】

(1)YYH—160 硬支承动平衡机

1)概述。本机是一种用途广泛的通用动平衡机。这种硬支承式动平衡机的转子支承架的刚度很大,它没有摆架结构。转子直接支承在刚度很大的支架上,且这种支架在水平和垂直方向的刚度不同,转子及支承系统的频率也很大,具有效率高,操作简便,显示直观等特点。在校验启动前,只要根据转子的两校正面间的距离和校正面与支撑点之间的距离及校正面的半径进行调整,经一次启动运转后即能正确地显示出工件的不平衡质量的克数和相位。

2)实验台结构及工作原理。被平衡的工件支承在摆架上,经一定方式(带、联轴器)驱动,使工件旋转,不平衡质量产生离心力激励摆架振动。左右振动传感器将振动信号转换成电信号输入到电测系统,光电传感器则为系统提供一个频率/相位基准信号。

系统软硬件分工如下:软件完成运算、控制和其他扩展功能的实现;硬件完成振动信号的处理任务,使系统具备良好的实时性。

信号预处理采用了多阶积分电路,用来控制噪音,改善信噪比。程控放大器在计算机的控制下根据不平衡信号电平而改变增益。

窄带跟踪式滤波器完成被测信号的信噪分离。

A/D 转换器将经过滤波的信号(不平衡信号)进行采集、量化,输入计算机,它还完成对其他信号(如系统自检、转速信号)的采集。图 14.3 所示为整个电路部分的原理框图。

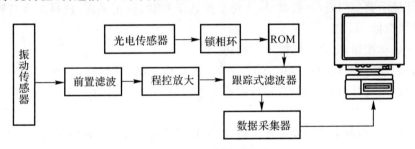

图 14.3 电路原理框图

本机分为机械和电气两大部分,机械桥架部分又按驱动方式设计成万向联轴节传动和圈带传动两种形式,以适应不同场合的使用。

万向联轴节传动式的桥架部分由床头箱、万向联轴节、左右摆架、杠杆放大器和传感器组成。圈带传动式的桥架部分由装有电机的圈带拖动传动架左右摆架、杠杆放大器和传感器组成。电测箱则包括电测部分和电机控制部分。

以联轴节传动式为例,其工作原理是:安装在床头箱内的电机拖动床头主轴旋转,经万向联轴节传动支承在摆架上的工件旋转,由于工件的不平衡产生离心力,迫使摆架振动,经杠杆放大器放大振幅后传递给速度传感器,从而把机械振动信号转换成电信号送入电测箱。另一方面,在主轴尾端带动一光电盘,产生一个与工件转速同频的基准信号输入电测箱,在电测箱内,一是对振动信号进行滤波,实现基波信号(反应不平衡量大小和相位的信号)与噪声的分离,二是对左右通路的信号进行解算,实现两校正面互相影响的分离,电测箱同时把相位基准信号转换成同频同相和移相90°的两路信号,当采用矢量瓦特表指示时,测量信号通过每只瓦特表的动圈,两组基准电流信号通过每只瓦特表中相应的定圈,在瓦特表标度盘上显示出测量信号的矢量值。

圈带传动式的桥架部分,基准信号是由一个装在专用支架上的光电传感器,瞄准转子轴颈上的黑白环,在转子旋转时即产生一个与工件转速同频的信号输入电测箱。

3)主要技术参数:

a.试件质量范围6~160 kg,试件最大直径1 000 mm,套圈带处的直径20~450 mm,试件轴颈范围直径为10~120 mm。

b.两摆架间距离80~1 200 mm,中间传动架支承最小距离140 mm。

c.平衡转速联轴节传动转速1 600/800/400 r/min;圈带传动转速:高速840。2 100 r/min,中速39~1 000 r/min,低速180~460 r/min。

【实验步骤】

(1)按带驱动或万向联轴节驱动方式不同,调整两摆架距离,正确安装待平衡转子,调整两摆杆中心高。

(2)采用联轴节驱动方式,把主轴尾部光电盘基准信号输入到电测箱主机;采用带驱动方式时,把安装在支架上的光电头基准信号输入到电测箱主机。两个传感器共用一个接口。

(3)按要求将彩色监视器插头、左右振动传感器插头、光电传感器插头和电源插头插好,打开整机电源,大约5 s左右,屏幕上显示计算机自检英文符号。按Enter键进入平衡测量。

(4)检查摆架、转子、轴端压紧滚轮等机械系统的牢靠情况。

(5)按下电控电测箱电源按钮,指示灯亮表示电源接通。

(6)根据待平衡转子情况,选择转子速度。

(7)打开显示器柜门,拉出键盘,输入待平衡转子参数,校正平面,选择加重与减重方式及平衡精度等项指标。

(8)按下启动按钮,电机顺时针方向旋转。

(9)工件启动,转速稳定过程中,屏幕上的"信号稳定指示"灯亮,即可按Enter键开始测量。此时幅值、角度显示为黄色,自动锁定后变为红色,表示一次测量完毕,可进行多次测量再取平均值。

(10)记录左右两面不平衡大小及方位,取下转子并进行加重或减重操作。

（11）反复进行（8）操作，直到符合平衡精度为止。

（12）打印平衡记录表。

（13）系统全部操作（测量命令数据输入帮助信息和打印输出等）都是经过键盘实现的。常用键的使用可参照使用说明书。

（14）在第一次使用本机或准备新的工件时，可根据需要进行"工件参数设置"和"系统参数设置"。在这些设置中包括输入工件尺寸、工件形状、最终平衡精度测量、锁定的时间和桥架的种类（硬支承或软支承）等等。这些设置都在"主目录"中选择。"主目录"可在平衡测量状态下按"Esc"键来弹出画面。

（15）在正确完成机器的设置和校准后，就可以开始某个工件的不平衡量的测量。对于测量画面所显示的内容或功能有疑惑时，可按下"F1"键请求帮助。矢量中的绿环代表合格圈，表示在"工件参数设置"中设定的合格范围（最大允许动载荷）。

附报告表

附报告表 1　机构运动简图测绘实验报告

专业 年级：_____　　姓名：_____　　同组人：_____　　日期：_____　成绩：_____

活动构件数目 n		自由度的计算	$F = 3n - 2P_1 - P_h$
低副数目 P_1			
高副数目 P_2			
机构运动简图			

附报告表 2　渐开线齿廓范成

原始数据		模数 m / mm	压力角 α	齿顶高系数 h_a^*	顶隙系数 c^*	齿数 z
	齿条刀					
	被加工齿轮					

被加工齿轮尺寸	项目	标准齿轮	变位齿轮
	变位系数 x		
	分度圆直径 d		
	齿顶圆直径 d_n		
	齿根圆直径 d_f		
	基圆直径 d_b		
	齿距 p		
	齿厚 s		
	齿槽宽 e		
	齿全高 h		
	齿顶高 h_a		
	齿根高 h_f		
	是否根切		

齿廓图	（附原图纸）

附报告表 3 YYH—160 动平衡演示实验报告

专业年级：_____ 姓名：_____ 同组人：_____ 日期：_____ 成绩：_____

工序型号			
工件转速			支承方式
工件参数	a　b　c		r_1　r_2
剩余不平衡量	左		右
支承动载荷	左		右
合格范围	左		右

思考与简答题

(1)如何平衡另一个平衡面？

(2)分析影响平衡精度的因素？

三导

第15章 机械原理课程设计指导

第一节 机械原理课程设计的目的和任务

一、课程设计的目的

机械原理课程是培养学生具有进行机械系统运动方案设计初步能力的技术基础课。课程设计则是机械原理课程重要的实践环节。其基本目的是：

(1)通过课程设计,综合运用机械原理课程的理论和实践知识,分析和解决与本课程有关的实际问题,并使所学知识进一步巩固、加深。

(2)使学生得到拟定运动方案的训练,并具有初步机械选型与组合以及确定传动方案的能力,培养学生开发和创新机械产品的能力。

(3)使学生对运动学和动力学的分析与设计有一较完整的概念。

(4)通过课程设计,进一步提高学生运算、绘图、表达、运用计算机和查阅有关资料的能力。

二、课程设计的任务

机械原理课程设计的任务一般可分成以下几部分：

(1)根据机械的工作要求,进行机构的选型与组合。

(2)设计该机械系统的几种运动方案,对各运动方案进行对比和选择,确定运动方案。

(3)对选定方案中的机构(凸轮机构、连杆机构、齿轮机构、其他常用机构、组合机构等)进行设计和分析。

(4)拟定、绘制机构运动循环图。

(5)设计飞轮;进行机械动力分析与设计。

第二节 机械原理课程设计的内容和方法

一、课程设计的内容

为了培养学生开发和创新机械产品的能力,根据高等学校最新的《机械原理课程教学基本要求》对课程设计的基本要求,其内容应包括以下三方面。

(1)机械方案的设计与选择。

(2)机构运动的分析与设计。

(3)机械动力的分析与设计。

课程设计题目,可由教师根据本校的具体情况及不同专业的需要选定。但为了保证课程设计的基本内容,以及一定程度的综合性和完整性,课程设计的选题应注意以下几方面。

(1)一般应包括三种基本机构——凸轮机构、连杆机构和齿轮机构的分析与综合。

(2)应具有多个执行机构的运动配合关系,包括运动循环图的分析与设计。

（3）运动方案的选择与比较。

二、课程设计的方法

机械原理课程设计的方法大致可分为图解法和解析法两种。图解法是运用基本理论中的基本关系式，用作图求解的方法求出其结果。这种方法具有几何概念清晰、直观、定性简单、可用来检查解析计算的正确性等特点。解析法是通过建立数学模型、编制框图和计算机程序并借助于计算机运算求出其结果。这种方法具有计算精度高、避免大量重复的人工劳动、可迅速得到结果、便于确定机构在整个运动循环内各位置的未知量等特点。同时，利用计算机的绘图功能，绘制机构运动线图，为机构的选型和尺寸综合提供了重要的资料。

图解法和解析法各有优点，可互为补充。工程实际中要求工程技术人员熟练地掌握这两种方法，故在设计中提倡采用两种方法进行分析或设计。

三、课程设计的教学进度

课程设计的教学进度见表 15.1。表中内容和时间安排仅供参考（适用于 1 周或 1.5 周）。

表 15.1　教学进度

序　号	内　容	时间/天	
1	布置题目、方案讨论	1	1
2	确定方案	0.5	1
3	平面机构的运动分析	0.5	1
4	平面机构的动态静力分析	1	1.5
5	齿轮机构设计	0.5	0.5
6	凸轮机构设计	0.5	0.5
7	其他机构设计		
8	飞轮设计	1	1
9	整理设计说明书	1	1.5
共计		6	9

第三节　机械原理课程设计的总结和要求

一、编写课程设计说明书

课程设计说明书是技术说明书中的一种，是整个设计计算的整理和总结，同时也是审核设计的技术文件之一。学生毕业后要面对实际的技术工作，编写技术说明书是科技工作者必须掌握的基本技能之一。因此，学生在校学习期间应接受这方面的训练。

1.课程设计说明书的内容

课程设计说明书的内容针对不同设计题目而定，其内容主要包括以下几项。

（1）目录（标题、页次）。

（2）设计题目（包括设计条件、要求等）。

（3）机构运动简图或设计方案的拟定和比较。

（4）制定机械系统的运动循环图。

（5）对选定机构的运动、动力分析与设计。

（6）完成设计所用方法及原理的简要说明。

（7）列出必要的计算公式及所调用的子程序。

（8）写出自编的主程序、子程序及编程框图。

（9）对结果进行分析讨论。

（10）参考资料（资料编号、主要作者、书名、版本、出版地、出版者、出版年份）。举例如下：

［1］孙桓，陈作模.机械原理［M］.北京：高等教育出版社，1997.

［2］曲继方.机械原理课程设计［M］.北京：机械工业出版社，1989.

［3］孟庆东.理论力学简明教程［M］.北京：机械工业出版社，2012.

2.课程设计说明书的要求

（1）设计说明书必须用蓝、黑色钢笔或圆珠笔书写，不得用铅笔或彩色笔。要求书写工整、文字简练、步骤清楚。

（2）计算内容要列出公式、代入数值、写出结果、标明单位，中间运算应省略。

（3）说明书中应编写必要的大、小标题，应注明所用公式和数据的来源（参考资料的编号和页次）。

（4）说明书用 B5 纸书写，并装订成册，封面格式和书写格式如图 15.1 所示。

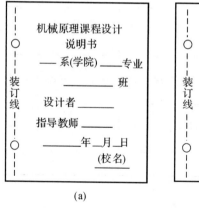
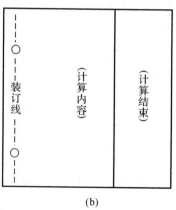

(a)   (b)

图　15.1

二、图样整理

图样是课程设计的又一组成部分，是设计的成果之一。设计图样要达到课题规定的要求。对设计图样的质量要求：作图准确、布图匀称、图面整洁、标注齐全。图样上的中文用仿宋体、数字和外文字母用斜体字母书写，图纸规格、线条、尺寸标注等均应符合国家制图标准的规定。

三、准备答辩

答辩是课程设计的最后一个重要环节，通过准备和答辩，可以总结设计方法、步骤，巩固分析和解决工程实际问题的能力。答辩也是对课程设计中各个问题理解深度、广度及基本理论掌握程度进行检查和评定成绩的重要方式.对整个设计质量的提高大有好处。

附　录

附录 Ⅰ　总复习指导

总复习是整个教学过程中最主要的环节之一,起着对学习内容进行消化和反刍作用。只有通过总复习,才能把零散的、孤立的知识变成系统的、完整的知识,也是对所学知识巩固和提高的过程,所以必须重视全力以赴,以取得优良成绩。

(一)总复习的顺序和要求

复习时应先对本课程所学的主要内容进行回顾,然后按本书对各章所提的"学习要求"进行复习。

复习时应首先搞清理论基础和概念,为此要试答作业中布置的复习题。然后再熟悉分析和设计的基本方法,并进行所布置作业中的习题的再练习。

复习时要多动脑筋,独立思考,对一些比较难懂的内容和新的概念要深入钻研多推敲,以求正确理解。对哪些经过自己反复思考尚未解决的问题,再去与同学讨论,或向老师请教。一定要把问题真正搞懂,不能不求甚解,马虎过去。更不能只是死记硬背老师的解答,以圈应付考试了事。有的同学在复习时不肯动脑筋下功夫,一有问题就不假思索的向别人或找老师答疑,对别人的解答也不求甚解,含糊过去。这样是不可能学到真正知识,也不可能取得好的考试成绩。还有个别同学,不是把精力放在复习上,而是想方设法摸老师考试的底,复习时要避免这些现象出现。

(二)本课程所学主要内容的回顾

在学完本课程并开始本课程总复习的时候,应先对本课程所学的主要内容、要求,以及本课程的性质、研究途径等进行一番回顾。

1.本课程所学的主要内容

机构的结构分析:常用机构的组成原理,将机构进行结构分类;分析机构运动简图的绘制方法,机构具有确定运动的条件,以及机构运动特性及设计方法等。

2.本课程的学习基本要求

本课程是一门介绍机械设计基本知识、基本理论和基本方法的技术基础课。通过课程的学习,学生应达到具有以下基本要求:

(1)分析和选择基本机构的能力;

(2)简单机械的结构设计能力;

(3)了解或掌握常用机构基本理论和设计方法,

(4)具备机械原理实验的基本技能。

3.本课程的性质研究途径

本课程是理论和实践性都很强的机械类和近机类专业的主干课程之一,是一门重要的专业基础课,是机械工程技术人员的必修课程。

对本课程内容的研究途径:

(1)研究各种机械的所具有的一般性共性问题。

(2)研究各种机器中的一些常用机构的选择方法或设计方法。

(3)所采用的研究手段有:课堂理论学习、做复习题、实验和大型作业等。

附录 Ⅱ 应试题库(复习效果的自我检验题)

(试题参考答案挂在西北工业大学出版社的网站上)
试题号说明:2(3)前面的 2 表示可在第 2 章找到答案,以下类推。

1. 填空题

1(1)机器是构件之间具有_____运动,并能完成_____转换的构件的组合。

1(2)机器与机构构的区别是_____。

2(3)平面运动副中,通过_____接触形成的运动副称为平面低副,通过_____接触形成的运动副称为平面高副。

2(4)每个平面低副提供_____个约束,每个平面高副提供_____个约束。

2(5)机构可动的条件是自由度_____。

2(6)机构具有确定运动的条件是_____。

2(7) n 个构件在同一处形成转动副,那么该处应有的转动副的数目是_____个。

2(8)3 个或 3 个以上构件在一点处用铰链联接称为_____。

2(9) 在计算机构自由度时,由 m 个构件组成的复合铰链组成_____个转动副;

2(10) 虚约束是指_____。在计算自由度时应_____。

2(11) 瞬心是指_____。

3(12) 当两构件组成转动副时,其瞬心在_____处;组成移动副时,其瞬心在_____处;组成纯滚动的高副时,其瞬心在_____处。

3(13) 当两个构件组成移动副时,其瞬心位于_____处。当两构件组成纯滚动的高副时,其瞬心就在_____。当求机构的不互相直接连接的各构件间的瞬心时,可应用_____来求。

3(14) 机构瞬心的数目 K 与机构的构件数 n 的关系是_____。

3(15) 三个彼此作平面平行运动的构件间共有_____个速度瞬心,这三个瞬心必定位于_____上。含有 6 个构件的平面机构,其速度瞬心共有_____个,其中有_____一个是绝对瞬心,有_____个是相对瞬心。

3(16) 速度影像原理和加速度影像原理只能应用于_____的各点,而不能应用于_____的各点。

3(17) 在摆动导杆机构中,当导杆和滑块的相对运动为_____动,牵连运动为_____动时,两构件的重合点之间将有哥氏加速度。哥氏加速度的大小为_____,方向与_____的方向一致。

4(18) 对机构进行力分析的目的是：① _____；② _____。

4(19) 所谓静力分析是指_____的一种力分析方法,它一般适用_____的情况。

4(20) 所谓动态静力分析是指_____是一种力分析方法,它一般适用于_____的情况。

4(21) 机器效率的力的形式是 $\eta=$ _____。

4(22) 设机器中的实际驱动力为 P,在同样的工作阻力和不考虑摩擦时的理想驱动力为 R,则机器效率的计算式是 $\eta=$ _____。

5(23) 平面连杆机构的基本形式是_____机构。

5(24) 在平面连杆机构的连架杆中,能够_____称为曲柄;铰链四杆机构中曲柄存在条件是_____。

5(25) 引入最小传动角概念的目的是_____;在曲柄摇杆机构中,当曲柄处于_____位置时可能出现最小传动角。

5(26) 极位夹角与行程速比系数之间的关系为_____;极位夹角与摇杆摆角之间的关系为_____。曲柄摇杆机构中,当摇杆摆动到左右极限位置时,曲柄两次与_____处于共线位置。

5(27) 铰链四杆机构中具有死点的有_____、_____等;出现死点的条件是_____。处于死点位置时,机构具有_____特征。

5(28) 曲柄在"死点"位置的运动方向与原先的运动方向相_____。

6(29) 常用凸轮机构有_____凸轮、_____凸轮、_____凸轮和   凸轮四种。

6(30) 凸轮机构从动件运动规律的选择原则为 ① _____；② _____；③ _____

6(31) 从动件的位移线图是凸轮_____设计的依据。

6(32) 选择凸轮机构从动件运动规律时应综合考虑_____、_____和_____因素。

6(33) 从动杆的运动规律和凸轮轮廓曲线的拟定,都是以_____要求为目的的。

6(34) 凸轮机构中以凸轮轮廓_____为半径所作的圆称为基圆。

6(35) 从动件运动方向_____方向之间的夹角 α 称为压力角。凸轮压力角的大小影响从动杆的正常工作和凸轮机构的_____效率。为此规定压力角的_____。

6(36) 平底垂直于导路的直动从动件盘形凸轮机构中,其压力角等_____。

6(37) 反转法的理论基础是_____原理。

6(38) 以尖顶从动件作出的凸轮轮廓为_____轮廓。

6(39) 滚子从动杆滚子半径选得过小,将会使运动规律"_____"。

6(40) 在设计直动滚子从动件盘形凸轮机构的工作轮廓曲线时发现压力角超过了许用值,且轮廓曲线出现变尖现象,此时应采用的措施是_____。

7(41) 单向运动的棘轮齿形是_____;双向式运动的棘轮齿形是_____。

7(42) 对于原动件转一周,槽轮只运动一次的槽轮机构来说,槽轮的槽数应不小于_____。对于槽数为4的单个圆销的槽轮机构,其运动特性系数为_____。

7(43) 在拨盘的一个运动周期内,槽轮的停歇时间为 3 s,则主动拨盘的转速为_____ r/min。

7(44) 为了使槽轮机构的槽轮运动系数 τ 大于零,槽轮的槽数 z 应大于_____。

8(45) 对齿轮传动的基本要求是传动_____。

8(46) 直齿圆柱齿轮机构的正确啮合条件是_____、_____。

8(47) 渐开线直齿圆柱齿轮与齿条啮合时,其啮合角恒等于齿轮_____上的压力角。

8(48) 直齿圆柱齿轮机构的重合度的定义是_____,重合度越大,表明同时参加啮合的轮齿对数越_____,传动越_____。

8(49) 用同一把刀具加工 m、z、α 均相同的标准齿轮和变位齿轮,它们的分度圆、基圆和齿距均_____。

8(50) 在斜齿圆柱齿轮中,展开螺旋线与圆柱体轴线的夹角叫_____,用代号_____表示。

8(51) 斜齿轮的螺旋齿方向有_____旋和_____旋两种。垂直于斜齿轮轴线的平面称为_____面,用_____作标记。垂直于轮齿螺旋线的平面称为_____平面,用_____作标记。一般斜齿轮都规定以_____模数为标准模数。它的标准压力角就是_____压力角。增大斜齿轮螺旋角使_____增加。

8(52) 直齿锥齿轮的几何尺寸通常都以_____作为基准。

8(53) 蜗杆的形状类似_____,一般为_____件;蜗轮是一个具有特殊形状_____,一般为_____件。

8(54) 蜗杆的标准模数和标准压力角在_____面,

8(55) 蜗杆传动中,蜗杆的_____模数和蜗轮的端面模数应相等,并为标准值。

8(56) 限制蜗杆的直径系数 q 是为了_____。

8(57) 两轴交错角为 90° 的蜗杆传动中,其正确啮合的条件是_____、_____和_____。

8(58) 蜗杆传动中,产生自锁的条件是_____。

9(59) 轮系中的中间齿轮对_____没有影响,但对末端齿轮_____有影响。

9(60) 在周转轮系中,凡具有_____的齿轮就称为行星轮。

10(61) 飞轮可以调节周期性速度波动的原因是_____。

11(62) 刚性转子的不平衡可以分为_____和_____两种。静不平衡质量分布的特点是:_____;动不平衡质量分布的特点是_____。

11(63) 对于_____的转子只需要进行静平衡;而_____的转子需要进行_____动平衡。

11(64) 静平衡的条件是_____;动平衡的条件是_____。

12(65) 机械系统总体设计的主要内容有:_____、_____、_____、_____和_____。

2.判断题(在括号内作记号"+"表示是,"—"表示非)

1(1) 任何机器都是人类劳动的产物,也就是人工的物体组合。　　　　　　　（　　）

1(2) 组成机器的各部分之间相对运动是不确定的。　　　　　　　　　　　（　　）

2(3) 组成移动副的两构件之间的接触形式只有平面接触。　　　　　　　　（　　）

2(4) 两构件通过内、外表面接触,可以组成回转副,也可以组成移动副。　　（　　）

2(5) 由于两构件间的连接形式不同,运动副分为低副和高副。　　　　　　（　　）

2(6) 若机构的自由度数为 2,那么该机构共需两个原动件。　　　　　　　　(　　)

2(7) 当原动件数大于机构的自由度数时,机构确定。　　　　　　　　　　　(　　)

3(8) 若一机构共有 6 个构件组成,那它共有六个瞬心。　　　　　　　　　　(　　)

4(9) 机械正、反行程的效率是相同的。　　　　　　　　　　　　　　　　　(　　)

5(10) 铰链四杆机构的曲柄存在的条件是:连架杆或机架中必有一个是最短杆;最短杆与最长杆的长度之和小于或等于其余两杆的长度之和。　　　　　　　　　(　　)

5(11) 机构是否存在死点位置与机构取哪个构件为原动件无关。　　　　　　(　　)

5(12) 压力角就是主动件所受驱动力的方向线与该点速度的方向线之间的夹角。

　　　　　　　　　　　　　　　　　　　　　　　　　　　　　　　　(　　)

5(13) 曲柄摇杆机构中,曲柄和连杆共线就是"死点"位置。　　　　　　　　(　　)

5(14) 利用选择不同构件作固定机架的方法,可以把曲柄摇杆机构改变成双摇杆机构。　　　　　　　　　　　　　　　　　　　　　　　　　　　　　　(　　)

5(15) 有曲柄的四杆机构,就存在着出现"死点"位置的基本条件。　　　　　(　　)

5(16) 对曲柄摇杆机构,当取摇杆为主动件时机构有死点位置。　　　　　　(　　)

5(17) 在实际生产中,机构的"死点"位置对工作都是不利的,处处都要考虑克服。(　　)

5(18) 在曲柄滑块机构中,滑块在作往复运动时不会出现急回运动。　　　　(　　)

5(19) 铰链四杆机构中,传动角越小,机构的传力性能越好。　　　　　　　(　　)

6(20) 由于盘形凸轮制造方便,所以最适用于较大行程的传动。　　　　　　(　　)

6(21) 凸轮转速的高低影响从动件的运动规律。　　　　　　　　　　　　　(　　)

6(22) 在凸轮机构中,凸轮最大压力角出现于凸轮轮廓坡度较陡的地方。　　(　　)

5(23) 一只凸轮只有一种预定的运动规律。　　　　　　　　　　　　　　　(　　)

6(24) 平底从动杆不能用于具有内凹槽曲线的凸轮。　　　　　　　　　　　(　　)

6(25) 盘形凸轮机构从动杆的运动规律主要决定于凸轮半径的变化规律。　　(　　)

6(26) 适合尖顶式从动杆工作的轮廓曲线,也必然适合于滚子式从动杆工作。(　　)

6(27) 凸轮轮廓曲线上各点的压力角是不变的。　　　　　　　　　　　　　(　　)

6(28) 与其他机构相比,凸轮机构的最大优点是可实现各种预期的运动规律。(　　)

6(29) 凸轮的基圆尺寸越大,推动从动杆的有效分力也越大。　　　　　　　(　　)

7(30) 能使从动件得到周期性的时停、时动的机构都是间歇运动机构。　　　(　　)

7(31) 间歇运动机构中的棘轮机构由棘爪和棘轮组成,工作时,棘爪往复摆动或移动,带动棘轮转动,但棘轮只能作单向转动。　　　　　　　　　　　　　　　(　　)

7(32) 单向间歇运动的棘轮机构必须有止回棘爪。　　　　　　　　　　　　(　　)

7(33) 间歇运动机构的主动件在何时都不能变成从动件。　　　　　　　　　(　　)

7(34) 棘轮机构只能用在要求间歇运动的场合。　　　　　　　　　　　　　(　　)

7(35) 棘轮的转角大小是可以调节的。　　　　　　　　　　　　　　　　　(　　)

7(36) 单向运动棘轮的转角大小和转动方向可以采用调节的方法得到改变。(　　)

7(37) 止回棘爪和锁住弧都是机构中的一个构件。　　　　　　　　　　　　(　　)

7(38) 棘轮机构和间歇齿轮机构在运行中都会出现严重的冲击现象。　　　　(　　)

7(39) 棘轮机构是把直线往复运动转换成间歇运动的机构。　　　　　　　　(　　)

7(40) 双向式对称棘爪棘轮机构的棘轮转角大小是不能调节的。　　　　　　(　　)

7(41) 棘轮机构运动平稳性差,而槽轮机构运动平稳性好。 （　　）

7(42) 棘轮机构都有棘爪,因此没有棘爪的间歇运动机构都是槽轮机构。 （　　）

7(43) 槽轮机构的主动件是槽轮。 （　　）

7(44) 外啮合槽轮机构的槽轮是从动件,而内啮合槽轮机构的槽轮是主动件。 （　　）

7(45) 槽轮机构必须有锁住弧。 （　　）

7(46) 不论是内啮合还是外啮合的槽轮机构,其槽轮的槽形都是径向的。 （　　）

7(47) 外啮合槽轮机构的主动件必须用锁住凸弧。 （　　）

7(48) 槽轮机构的运动系数 τ 恒小于 0.5。 （　　）

8(49) 齿廓啮合基本定律就是使齿廓能保持连续传动的定律。 （　　）

8(50) 齿轮的传动比总是等于两轮齿数的反比,所以任何齿廓曲线的齿轮都可保证恒定的传动比。 （　　）

8(51) 齿轮的压力角是渐开线齿廓上任意一点的受力方向线和运动方向线之间的夹角。 （　　）

8(52) 分度圆是计量齿轮各部分尺寸的基准。齿轮上齿厚等于齿槽宽的圆称为分度圆。 （　　）

8(53) 单个齿轮既有分度圆,又有节圆。 （　　）

8(54) 内齿轮传动一般用于两平行轴之间的传动,但两轮的转向相反。 （　　）

8(55) 同一模数和同一压力角,但不同齿数的两个齿轮,可以使用一把齿轮刀具进行加工。 （　　）

8(56) 标准直齿圆柱齿轮传动的实际中心距恒等于标准中心距。 （　　）

8(57) 齿数 $z > 17$ 的渐开线直齿圆柱齿轮用范成法加工时,即使变位系数 $x < O$,也一定不会发生根切。 （　　）

8(58) 直齿圆柱齿轮传动中节圆与分度圆永远相等。 （　　）

8(59) 渐开线上各点的压力角是不等的,越远离基圆压力角越小,基圆上的压力角最大。 （　　）

8(60) 直齿圆柱标准齿轮的正确啮合条件是只要两齿轮的模数相等即可。 （　　）

8(61) 渐开线标准齿轮的齿根圆恒大于基圆。 （　　）

8(62) 变位系数 $x = O$ 的渐开线直齿圆柱齿轮一定是标准齿轮。 （　　）

8(63) 组成正传动的齿轮应是正变位齿轮。 （　　）

8(64) 斜齿轮具有两种模数,其中以端面模数作为标准模数。 （　　）

8(65) 斜齿轮传动和直齿轮传动一样,都不可能产生轴向分力。 （　　）

8(66) 斜齿轮传动的平稳性和同时参加啮合的齿数比直齿轮高,故斜齿轮用于高速传动。 （　　）

8(67) 斜齿轮的齿顶圆柱、分度圆柱和基圆柱上的螺旋角都相等。 （　　）

8(68) 平行轴斜齿圆柱齿轮机构的几何尺寸在端面计算,故基本参数的标准值规定在端面。 （　　）

8(69) 直齿锥齿轮传动可实现平面内相垂直的两轴的传动。 （　　）

8(70) 锥齿轮的正确啮合条件是两齿轮的大端模数和压力角分别相等。 （　　）

8(71) 蜗杆传动不具有自锁作用。 （　　）

8(72) 蜗杆传动与齿轮传动相比,传动效率高。　　　　　　　　　　　　（　　）

9(73) 不影响传动比大小,只起着传动的中间过渡和改变从动轮转向作用的齿轮,称为惰轮。　　　　　　　　　　　　　　　　　　　　　　　　　　　　　（　　）

9(74) 差动轮系可以将一个构件的转动按所需比例分解成另两个构件的转动。　（　　）

9(75) 平面定轴轮系中的各圆柱齿轮的轴线互相平行。　　　　　　　　　　（　　）

9(76) 自由度为1的轮系称为行星轮系。　　　　　　　　　　　　　　　　（　　）

9(77) 行星轮系中的行星轮既有公转又有自转。　　　　　　　　　　　　　（　　）

9(78) 旋转齿轮的几何轴线位置均不能固定的轮系称为周转轮系。　　　　　（　　）

9(79) 在周转轮系中,凡具有旋转几何轴线的齿轮就称为中心轮。　　　　　（　　）

9(80) 在周转轮系中,凡具有固定几何轴线的齿轮就称为行星轮。　　　　　（　　）

9(81) 计算行星轮系的传动比时,把行星轮系转化为一假想的定轴轮系,即可用定轴轮系的方法解决行星轮系的问题。　　　　　　　　　　　　　　　　　　　　（　　）

9(82) 定轴轮系可以把旋转运动转变成直线运动。　　　　　　　　　　　　（　　）

9(83) 轮系传动比的计算,不但要确定其数值,还要确定输入输出轴之间的运动关系,表示出它们的转向关系。　　　　　　　　　　　　　　　　　　　　　　　　（　　）

10(84) 为了减小飞轮的重量和尺寸,应将飞轮装在高速轴上。　　　　　　（　　）

10(85) 周期性速度波动和非周期性速度波动的调节方法分别是调速器和飞轮。（　　）

11(86) 静平衡的刚性转子不一定是动平衡的,动平衡的刚性转子一定是静平衡的。　　　　　　　　　　　　　　　　　　　　　　　　　　　　　　　　　（　　）

11(87) 一个运动矢量方程只能求解一个未知量。　　　　　　　　　　　　（　　）

11(88) 经过动平衡的转子不需要再进行静平衡。　　　　　　　　　　　　（　　）

12(89) 机械的工作循环图不但表明了各机构的动作之间的配合关系,而且从中还可以得出某些机构设计的原始参数。　　　　　　　　　　　　　　　　　　　　　　（　　）

12(90) 拟定机械传动方案的基本原则有采用尽可能短的运动链.　　　　　（　　）

13(91) 按几何结构分划分机器人分为:串联机器人、并联机器人。　　　　（　　）

13(92) 工业机器人最显著的特点有 可编程、拟人化、通用性 、机电一体化。（　　）

3. 选择题

2(1) 两构件直接接触并能产生一定的相对运动的连接称为（　　　　）。

A. 高副　　　　　　　　B. 低副　　　　　　　　C. 运动副

2(2) 计算机构自由度时,若计入虚约束,则机构自由度就会（　　　　）。

A. 增多　　　　　　　　B. 减少　　　　　　　　C. 不变

2(3) 机构具有确定相对运动的条件是机构的自由度数（　　　　）机构的原动件数。

A. 大于　　　　　　　　B. 小于　　　　　　　C. 等于　　　　　　　　D. 不等于

2(4) 将两个做平面运动的构件用一个转动副连接起来,组成的系统共有（　　　　）个自由度

A. 1个　　　　　　　　B. 2个　　　　　　　　C. 3个

2(5) 当一个平面机构的原动件数目小于此机构的自由度数时,此机构（　　　　）。

A. 具有确定的相对运动　　　　　　　B. 只能作有限的相对运动

C. 运动不能确定　　　　　　　　　　D. 不能运动

2(6) 当原动件数大于机构的自由度数时,机构的相对运动（　　　　）。

A. 确定　　　　　　　B. 不确定　　　　　　　C. 破坏　　　　　　　D. 根据具体情况

4(7)一台机器空运转,对外不作功,这时机器的效率(　　　)。

A. 大于零　　　　　　B. 小于零　　　　　　　C. 等于零　　　　　　D. 大小不一定。

4(8)在机械中阻力与其作用点速度方向(　　　)。

A. 相同　　　　　　　B. 一定相反　　　　　　C. 成锐角　　　　　　D. 相反或成钝角

4(9)在机械中驱动力与其作用点的速度方向(　　　)。

A. 一定同向　　　　　B. 可成任意角度　　　　C. 相同或成锐角　　　D. 成钝角

4(10)如果作用在径向轴颈上的外力加大,那么轴颈上摩擦圆(　　　)。

A. 变大　　　　　　　B. 变小　　　　　　　　C. 不变　　　　　　　D. 变大或不变

5(11)设计连杆机构时,为了具有良好的传动条件,应使(　　　)。

A. 传动角大一些,压力角小一些　　　　　　B. 传动角和压力角都小一些

C. 传动角和压力角

5(12)在曲柄摇杆机构中,只有当(　　　)为主动件时,(　　　)在运动中才会出现"死点"位置。

A. 连杆　　　　　　　B. 机架　　　　　　　　C. 曲柄　　　　　　　D. 摇杆　　　E. 连架杆

5(13)铰链四杆机构的最短杆与最长杆的长度之和大于其余两杆的长度之和时,机构(　　　)。

A. 有曲柄存在　　　　B. 不存在曲柄

5(14)当急回特性系数为(　　　)时,曲柄摇杆机构才有急回运动。

A. $K<1$　　　　　　　B. $K=1$　　　　　　　C. $K>1$

5(15)曲柄滑块机构是由(　　　)演化而来的。

A. 曲柄摇杆机构　　　B. 双曲柄机构　　　　　C. 双摇杆机构

5(16)存在急回运动的平面四杆机构,其(　　　)必然大于零。

A. 传动角　　　　　　B. 压力角　　　　　　　C. 摆角　　　　　　　D. 极位夹角

5(17)对心曲柄滑块机构以曲柄为原动件时,其最大传动角 γ 为(　　　)。

A. 30°　　　　　　　　B. 45°　　　　　　　　C. 90°

5(18)在曲柄摇杆机构中,当曲柄为主动件,且(　　　)共线时,其传动角为最小值。

A. 曲柄与连杆　　　　B. 曲柄与机架　　　　　C. 摇杆与机架

6(19)凸轮机构的从动件运动规律与凸轮的(　　　)有关。

A. 实际廓线　　　　　B. 理论廓线　　　　　　C. 表面硬度　　　　　D. 基圆

6(20)当从动件的运动规律已定时,凸轮的基圆半径 r_0 与压力角 α 的关系为(　　　)。

A. r_0 越大,α 越大　　B. r_0 越大,α 越小　　C. r_0 与 α 无关

6(21)凸轮机构的移动式从动杆能实现(　　　)。

A. 匀速、平稳的直线运动　　　　　　　　　　B. 简谐直线运动

C. 各种复杂形式的直线运动

6(22)凸轮与从动件接触处的运动副属于(　　　)。

A. 高副　　　　　　　B. 转动副　　　　　　　C. 移动副

6(23)要使常用凸轮机构正常工作,必须以凸轮(　　　)。

A. 作从动件并匀速转动B. 作主动件并变速转动C. 作主动件并匀速转动

(24)在要求(　　)的凸轮机构中,宜使用滚子式从动件。

A.传力较大　　　　B.传动准确、灵敏　　　C.转速较高

6.(25)凸轮与移动式从动杆接触点的压力角在机构运动时是(　　)。

A.恒定的　　　　　B.变化的　　　　　　　C.时有时无变化的

6(26)压力角增大对(　　)。

A.凸轮机构的工作不利　　　　　　　B.凸轮机构的工作有利

C.凸轮机构的工作无影响　　　　　　D.以上均不对

6(27)下列凸轮机构中,图27(　　)所画的压力角是正确的。

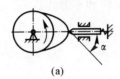 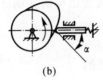 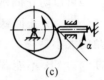

(a)　　　　　　　　　　(b)　　　　　　　　　　(c)

选择题27图

6(28)下述凸轮机构从动件常用运动规律中存在刚性冲击的是(　　)运动。

A.等速　　　　　　B.等加速等减速　　　　C.正弦加速度

6(29)下述凸轮机构从动件常用运动规律中存在柔性冲击的是(　　)运动。

A.等速　　　　　　B.等加速等减速　　　　C.正弦加速度

6(30)(　　)对于较复杂的凸轮轮廓曲线,也能准确地获得所需要的运动规律。

A.尖顶式从动杆　　B.滚子式从动杆　　　C.平底式从动杆　　　D.以上均不对

6(31)(　　)可使从动杆得到较大的行程。

A.盘形凸轮机构　　B.移动凸轮机构　　　C.圆柱凸轮机构　　　D.以上均不对

6(32)(　　)的摩擦阻力较小,传力能力大。

A.尖顶式从动杆　　B.滚子式从动杆　　　C.平底式从动杆　　　D.以上均不对

6(33)对于转速较高的凸轮机构,为了减小冲击和振动,从动件运动规律最好采用(　　)运动。

A.等速　　　　　　B.等加速等减速　　　　C.正弦加速度

6(34)当凸轮基圆半径相同时,采用适当的偏置式从动件可以(　　)凸轮机构推程的压力角。

A.减小　　　　　　B.增加　　　　　　　　C.保持原来

6(35)滚子从动件盘形凸轮机构的滚子半径应(　　)凸轮理论廓线外凸部分的最小曲率半径。

A.大于　　　　　　B.小于　　　　　　　　C.等于

6(36)直动平底从动件盘形凸轮机构的压力角(　　)。

A.永远等于0　　　B.等于常数　　　　　　C.随凸轮转角而变化

6(37)凸轮轮廓曲线没有凹槽,要求机构传力很大,效率要高,从动杆应选(　　)。

A.尖顶式　　　　　B.滚子式　　　　　　　C.平底式

6(38)下述几种规律中,(　　)既不会产生柔性冲击也不会产生刚性冲击,可用于高速场合。

A.余弦加速运动规律　　　　　　　　B.正弦加速运动规律

C.等加速等减速运动规律

7(39)棘轮机构常用于( )场合。

A.低速轻载　　　B.高速轻载　　　C.低速重载　　　　D.高速重载

7(40)若使槽轮机构的运动系数 τ 增大,需要( )。

A.增加销数　　　B.减少径向槽数　　C.加快拨盘转速　　D.以上均不是

7(41)当要求从动件的转角经常改变时,下面的( )间歇运动机构合适。

A.间歇齿轮机构　　B.槽轮机构　　　C.棘轮机构

7(42)利用( )可以防止间歇齿轮机构的从动件反转和不静止。

A.锁止圆弧　　　　B.止回棘爪

7(43)槽轮转角的大小是( )。

A.能够调节的　　　B.不能调节的

7(44)槽轮机构主动件的锁住弧是( )。

A.凹形锁住弧　　　B.凸形锁住弧

7(45)槽轮的槽形是( )。

A.轴向槽　　　　　B.径向槽　　　　C.弧形槽

7(46)在传动过程中有严重冲击现象的间歇机构是( )。

A.间歇齿轮机构　　B.棘轮机构　　　C.槽轮机构

7(47)在间歇运动机构中,( )可以获得不同转向的间歇运动。

A.棘轮机构　　　　　　　　　　　B.槽轮机构

C.不完全齿轮机构　　　　　　　　　D.圆柱式凸轮间歇运动机构

8(48)要实现两相交轴间之间的传动,可采用( )。

A.直齿圆锥齿轮传动　　　　　　　　B.蜗杆齿轮传动

C.直齿圆柱齿轮传动　　　　　　　　D.斜齿圆柱齿轮传动

8(49)渐开线直齿圆柱齿轮传动的可分性是指( )。不受中心距变化的影响。

A.节圆半径　　　B.传动比　　　　C.啮合角

8(50)渐开线齿廓上各点的压力角是不同的。靠近齿顶部分的压力角( )20°。

A.等于　　　　　B.小于　　　　　C.大于

8(51)负变位齿轮的分度圆齿距(周节)应是( )。

A.大于　　　　　B.等于　　　　　C.小于　　　　　　D.等于或小于。

8(52)渐开线直齿圆柱齿轮传动的重合度是实际啮合线段与( )的比值。

A.齿距　　　　　B.基圆齿距　　　C.齿厚　　　　　D.齿槽宽.

8(53)负变位齿轮的分度圆齿槽宽( )标准齿轮的分度圆齿槽宽。

A.小于　　　　　B.大于　　　　　C.等于　　　　　D.小于且等于。

8(54)斜齿圆柱齿轮传动比直齿圆柱齿轮传动重合度( )。

A.小　　　　　　B.相等　　　　　C.大

8(55)一对渐开线齿轮传动的安装中心距大于标准中心距时,齿轮的节圆( )分度圆。

A.大 T　　　　　B.等于　　　　　C.小于　　　　　D.无关

8(56)斜齿圆柱齿轮的当量齿数( )其实际齿数。

A. 大于　　　　　　　B. 等于　　　　　　　C. 小于

8(57)直齿圆锥齿轮的当量齿数(　　)其实际齿数。

A. 大于　　　　　　　B. 等于　　　　　　　C. 小于

8(58)为使蜗杆传动具有自锁性,应采用(　　)和(　　)的蜗杆。

A. 单头　　　　　　　B. 多头　　　　　　　C. 大导程角　　　　　　D. 小导程角

8(59)在蜗杆传动中,通常(　　)为主动件。

A. 蜗杆　　　　　　　B. 蜗轮　　　　　　　C. 蜗杆蜗轮都可以

8(60)在减速蜗杆传动中(　　)来计算传动比 i 是错误的

A. $i=\omega_1/\omega_2$　　　B. $i=z_2/z_1$　　　C. $i=n_1/n_2$　　　D. $i=d_2/d_1$

8(61)蜗杆传动中,将(　　)与(　　)的比值称为蜗杆直径系数 q。

A. 模数　　　　　　　B. 齿数 z_1　　　　　C. 分度圆直径 d_1　　　D. 分度圆直径

E. 齿数 z_2　　　　　F. 周节 p

8(62) 在蜗杆传动中,引进特性系数 q 的目的是为了(　　)

A. 便于蜗杆尺寸参数的计算　　　　　　　B. 容易实现蜗杆转动中心距的标准化;

9(63)选择题 63 图所示的轮系属于(　　)。

A. 定轴轮系　　　　B. 行星轮系　　　　C. 差动轮系　　　　D. 混合轮系。

9(64) 题 64 图所示的轮系中,齿轮(　　)称为惰轮。

A. 1 和 $3'$　　　　　B. 2 和 4　　　　　C. 3 和 $3'$　　　　D. 3 和 4

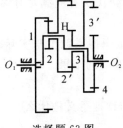

选择题 63 图

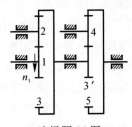

选择题 64 图

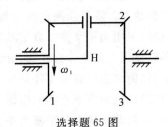

选择题 65 图

9(65)在选题 65 图所示轮系中,给定齿轮 1 的转动方向如图所示,则齿轮 3 的转动方向(　　)。

A. 与 ω_1 相同　　　B. 与 ω_1 相反　　　C. 只根据题目给定的条件无法确定

10(66)为了减小机械运转中周期性速度波动的程度,应在机械中安装(　　)。

A. 调速器　　　　　　B. 飞轮　　　　　　　C. . 变速装置

10(67)若不考虑其他因素,单从减轻飞轮的重量上看,飞轮应安装在(　　)。

A. 高速轴上　　　　　B. 低速轴上　　　　　C. 任意轴上

10(68)机器安装飞轮后,原动机的功率与未安装飞轮时(　　)。

A. 一样大　　　　　　　　　　　　　B. 相比变大

C. 相比变小　　　　　　　　　　　　D. A 和 C 的可能性都存在

10(69)在机械系统中安装飞轮后可使其周期性速度波动(　　)。

A. 增强　　　　　　　B. 减小　　　　　　　C. 消除

11(70)对于结构尺寸为 $b/D< 0.2$ 的不平衡刚性转子,需进行(　　)。

A. 静平衡　　　　　B. 动平衡　　　　　C. 不用平衡。

4. 问答题

2(1)计算平面机构自由度时应注意什么问题？

2(2)什么是复合铰链、局部自由度？在计算机构自由度时都应如何处理？

4(12)构件组的静定条件是什么？基本杆组都是静定杆组吗？

2(3)题图所示机构运动设计是否合理？若不合理给出改进方案。

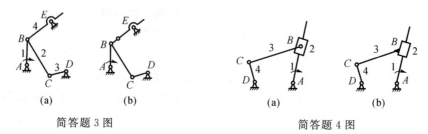

简答题 3 图　　　　　　　　　　　简答题 4 图

2(4)简答题 4 图所示机所示机构运动设计是否合理？若不合理给出改进方案。

3(5)何谓"三心定理"？若一机构共有六个构件组成,那它共有多少个瞬心？

3(6)速度多边形和加速度多边形的特性是什么？

3(7)在什么情况下会有哥氏加速度出现？其大小如何计算？方向又如何确定？

4(8)何谓机构的动态静力分析？对机构进行动态静力分析的步骤如何？

4(9)何谓质量代换法？进行质量代换的目的何在？动代换和静代换各应满足什么条件？各有何优缺点？静代换两代换点与构件质心不在一直线上可以吗？

4(10)采用当量摩擦系数工及当量摩擦角 ρ,的意义何在？当量摩擦系数工与实际摩擦系数,不同,是因为两物体接触面几何形状改变。从而引起摩擦系数改变的结果。对吗？

4(11)构件组的静定条件是什么？基本杆组都是静定杆组吗？

4(12)机械效率小于零的物理意义是什么？生产阻力小于零的物理意义是什么？

4(13)何谓平衡力与平衡力矩？平衡力是否总是驱动力？

5(14) 何谓机械的自锁？机械的自锁条件是什么？

5(15)以何杆为机架时,可构成双曲柄机构？为什么？

5(16)铰链四杆机构曲柄存在的条件是什么？双曲柄机构是怎样形成的？

5(17)偏置曲柄滑块机构和对心曲柄滑块机构是否都有急回特性？为什么？

5(18)导杆机构是怎样演化来的？

5(19)平面连杆机构中,哪些机构在什么情况下才能出现急回运动？

5(20)曲柄滑块机构与导杆机构,在构成上有何异同？

5(21)什么是平面连杆机构的"死点"位置？通常采取哪些方法来渡过"死点"位置？

6(22)在凸轮机构中什么叫:①凸轮的工作曲线？②凸轮的理论曲线？③凸轮的基圆？

6(23)简述圆盘凸轮轮廓曲线的绘制步骤。

6(24)何谓凸轮机构的压力角？它在哪一个轮廓上量度？压力角变化对凸轮机构的工作有何影响？与凸轮尺寸有何关系？

6(25)滚子从动件盘形凸轮的理论轮廓曲线与实际轮廓曲线是否相同？

6(26)为什么平底从动件盘形凸轮轮廓曲线一定要外凸？滚子从动件盘形凸轮机构的

凸轮

6(27)轮廓曲线却允许内凹,而且内凹段一定不会出现运动失真?

6(28)设计凸轮时,基圆半径的确定原则是什么?

6(29)滚子式从动杆的滚子半径大小对凸轮工作有什么影响?

6(30)滚子推杆盘形凸轮的理论廓线与实际廓线是否相似? 是否为等距曲线?

7(31)何谓间歇运动机构? 常见的有哪几种?

7(32)棘轮为什么只适合低速传动?

7(33)调节棘轮转角大小都有哪些方法?

7(34)单向运动棘轮机构和双向式棘轮机构有什么不同之处?

7(35)槽轮机构有什么特点? 何谓运动系数 τ?

7(36)槽轮机构的槽数 z 和圆销数"的关系如何?

7(37)槽轮机构设计时要避免什么问题?

8(38)直齿轮传动有哪些种类? 对齿轮传动应有哪些基本要求?

8(39)什么是齿轮的模数? 它的单位是什么?

8(40)齿轮的压力角的大小与齿廓有什么关系? 我国采用的标准压力角是几度?

8(41)当什么叫变位齿轮? 它的用途和特点是什么?

8(42)在齿轮设计中,选择齿数时应考虑哪些因素?

8(43)要求设计传动比 $i=3$ 的标准直齿圆柱齿轮传动,选择齿数 $z_1=12,z_2=36$ 行不行? 为什么?

8(44)什么在传动的轮齿之间要保持一定的侧隙? 侧隙选得过大或过小对齿轮传动有何影响?

8(45)斜齿圆柱齿轮的啮合特点是什么?

8(46)在什么情况下采用蜗杆传动? 与齿轮传动相比,蜗杆传动有哪些主要优缺点?

8(47)何谓蜗杆头数? 蜗杆有哪三种类型? 常用的是哪一种?

8(48)蜗杆传动有哪些主要的参数? 其中哪些参数是标准值?

8(49)圆柱蜗杆传动正确啮合的条件是什么?

9(50)行星轮系和差动轮系有何区别?

9(51)计算周转轮系的传动比时,为什么要用转化机构法? 怎样确定转化机构传动比的正负号?

10(52)在什么情况下机械才会作周期性速度波动? 速度波动有何危害? 如何调节?

10(53)飞轮为什么可以调速? 能否利用飞轮来调节非周期性速度波动,为什么?

11(54)怎样的回转件需要进行动平衡? 需要几个校正平面?

12(55)何谓机械的工作循环图? 它在机械设计中的作用是什么?

12(56)机构的爬行现象主要是由于哪些因素所引起的?

13(57)按驱动形式划分工业机器人分为哪几类?

5.计算分析题

2(1)计算题 1 图所示运动链能否成为机构,并说明理由。如果有复合铰链、局部自由度或虚约束,需一一指出。

2(2)计算题 2 图所示为一机构的初拟设计方案,试从机构自由度的概念分析其设计是否合理,若不合理请提出修改措施。又问,在此初拟设计方案中,是否存在复合铰链、局部自由度和虚约束? 若存在,请指出。

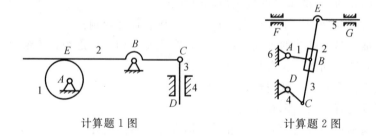

计算题 1 图　　　　　　　　　　计算题 2 图

2(3)计算题 3 图示机构的自由度,并在高副低代后,确定机构所含杆组的势别并判断机构的级别。

2(4)试判断计算题 4 图所示运动链能否成为机构,并说明理由。若不能成为机构,请提出修改办法。

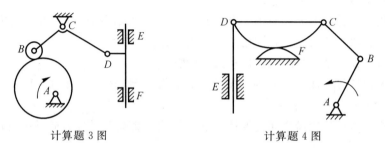

计算题 3 图　　　　　　　　　　计算题 4 图

2(5)计算 5 图所示各机构的自由度,并指出其中是否含有复合铰链、局部度或虚约束,说明计算自由度时应做何处理。

$$F=1,\quad F=1\quad F=2,\quad F=1,\quad F=1,\quad F=1$$

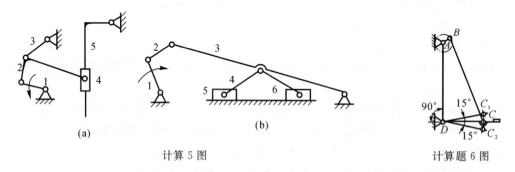

计算 5 图　　　　　　　　　　计算题 6 图

2(6)计算题(6)图所示为缝纫机脚踏板的驱动机构。设两固定铰链间距离 $l_2=350$ mm,踏板长度 $l_2=175$ mm,驱动时踏板做水平位置上下 $15°$ 的摆动,求曲柄 AB 和连杆 BC 的长度。

2(7)计算题 7 图(a)(b)所示机构的自由度,若有复合铰,局部自由度,虚约束,应加指明。

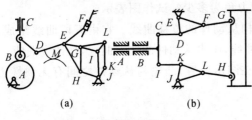

计算题 7 图　　　　　　　　　计算题 8 图

2(8)计算题 8 图所示为由两个齿轮 14 构成的机构。①计算其自由度;②拆组并判断机构的级别。[武汉科技大学 2009 研]:

3(9)在计算题 9 图所示机构中,已知原动件 l 以匀角速度 ω 沿逆时针方向转动,试确定:①机构的全部瞬心;②构件 3 的速度 u(需写出表达式)。

3(10)在计算分析题 10 图所示六杆机构。已知杆 2 以等角速度逆时针转动及各构件尺寸。试求(直接在题图中作图,其结果用符号表示:

①做出并标明形成运动副构件间的瞬心:

②做出并标明瞬心 P_{13} 和 P_1;

③求构件 4 的速度 v_4 和构件 6 的速 v_6(用瞬心法)。[武汉理工大学 2010 研]

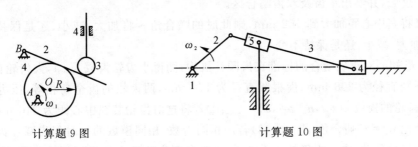

计算题 9 图　　　　　　　　　　计算题 10 图

3(11)计算分析题 11 图所示两机构中,B 点是否都存在科氏加速度? 又在何位置时其科氏加速度为零? 作出相应的机构位置图。并思考下列问题:

①在什么条件下存在科氏加速度?

②)根据上一条。请检查一下所有科氏加速度为零的位置是否已型部找出?

③)图 a 中, $a_{B2B3}^k = 2\omega_2 v_{B2B3}$ 对吗? 为什么?

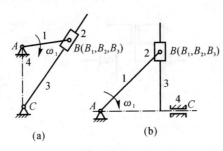

计算题 11 图

6(12)计算题 12 图所示为一偏置直动从动件盘形凸轮机构。已知凸轮为一以 C 为中心的圆盘,问轮廓上 D 点与尖顶接触时其压力角为多少?试作图表示。

6(13)计算题 13 图所示为一凸轮机构从动件的位移曲线。它由五段曲线组成,其中 0A 段和 BC 段为抛物线。试求:1)根据位移曲线,画出从动件的速度曲线,加速度曲线;2)判断哪几个位置有冲击存在,属于哪种冲击;3)在图示位置,凸轮与从动件之间有无惯性力作用,有无冲击存在。

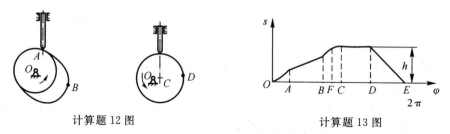

计算题 12 图　　　　　　　　　　计算题 13 图

8(14)已知一对标准直齿圆柱齿轮的中心距 $a=160$ mm,传动比 $i_{12}=3$,小齿轮齿数 $z_1=20$。试求:

1)模数 m 和分度圆直径 d_1,$d_:$。

2)齿顶圆直径 d_{a1}、d_{a2} 和齿距 p 及基圆直径 d_{b1},d_{b2}。

3)重合度 ε_a,并绘出单齿及双齿啮合区。

4)如果将其中心距加大到 162 mm,则此时的啮合角 α' 将加大、减小、还是保持不变?传动比 i_{12} 将加大、减小、还是保持不变

8(15)已知一对正确啮合的标准直齿圆柱机构,测得小齿轮齿数为 24,大齿轮齿数为 60;小齿轮齿顶圆直径为 208 mm,齿根圆直径为 172 mm,两齿轮的齿全高相等,压力角为 20°,求:①这坩齿轮的模数 $m=$?,$h_a^*=$?,$c^*=$?　:②若将这对齿轮装在中心距为 340 mm 的轴上,问这时传动比 $i_{12}=$? 啮合角 $\alpha'=$? (3)若用相同齿数、相同模数的一对斜齿圆柱齿轮传动来代替这坩直齿轮传动,中心距仍然为 340 mm,要求两齿轮啮合的齿侧间隙为零,求两斜齿轮的螺旋角 $\beta=$?

9(16)计算题 14 图所示为一大传动比的减速器,已知其各轮的齿数 $z_1=100$,$z_2=101$,$z_{2'}=100$,$z_3=99$,求输入件 H 对输出件 1 的传动比 i_{H1}。

9(17)在计算题 15 图所示的锥齿轮组成的行星轮系中,已知各齿轮的齿数 $z_1=20$,$z_2=30$,$z_{2'}=50$,$z_3=80$,$n_1=50$ r/min,求 n_H 的大小和方向。

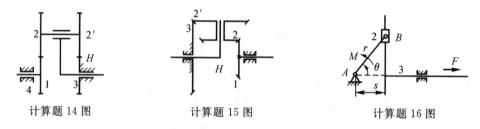

计算题 14 图　　　　　计算题 15 图　　　　　计算题 16 图

10(18) 在计算题 16 图所示的所示的机构中,导杆 3 的质量为 m_3,曲柄 AB 长为 r,导杆 3 的速度 $v_3=\omega_1 r\sin\theta$,ω_1 为曲柄的角速度。$\theta=0° \sim 180°$ 时,阻力 $F=$常数,$\theta=180° \sim 360°$,$F=0$;驱动力矩 M 为常数。曲柄 AB 绕轴 A 的转动惯量为 J_{A1},不计构件 2 的质量及各运动副中

的摩擦。设在 $\theta = 0°$ 时,曲柄的角速度为 ω_0。试求:

1) 取曲柄为等效构件时的等效驱动力矩 M_d 和等效阻力矩 M。

2) 等效转动惯量 J_0。

3) 在稳定运转阶段,作用在曲柄上的驱动力矩 M。

10(19) 已知某机械一个稳定运动循环内的等效阻力矩 M 如计算题17图所示,等效驱动力矩 M_d 为常数,等效构件的最大及最小角速度分别为:$\omega_{max} = 200 \text{ rad/s}$,$\omega_{min} = 180 \text{ rad/s}$,试求:

1) 等效驱动力矩 M_d 的大小;2) 运转速度不均匀系数 δ;3) 当要求 δ 在0.05范围内,并不计其余袖件的转动惯量时,应装在等效构件上的飞轮的转动惯量 J_F。

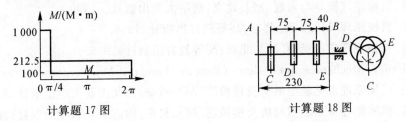

计算题17图　　　　　　　　　　计算题18图

11(20) 高速水泵的凸轮轴系由三个互相错开120°的偏心轮所组成,每一偏心轮的质量为0.4 kg,其偏心距为12.7 mm。设在平衡平面 A 和 B 中各装一个平衡质量 m_A 和 m_B 使之平衡,其回转半径为10 mm,其他尺寸如计算题18图所示(单位:mm)。求 m_A 和 m_B 的大小和位置。

12(21) 试设计一个原动件作转动,执行构件作精确直线运动的执行机构。执行构件的行程为 $h = 20 \text{ mm}$。试举出4个以上的方案,并进行分析、评价,选择一个较佳的方案进行尺度综合。再设想一个作近似直线运动的机构,画出其轨迹,并指出 $h > 20 \text{ mm}$ 的近似直线轨迹段。

参考文献

［1］　李博洋.机械原理简明教程［M］.西安：西北工业大学出版社,2014.

［2］　孙桓.机械原理教程［M］.2版.西安：西北工业大学出版社,2011.

［3］　孙桓.《机械原理》笔记和课后习题详解［M］.7版.北京：中国石化出版社,2012.

［4］　申永胜.机械原理辅导与习题［M］.北京：清华大学出版社。1999.

［5］　华大年.机械原理［M］.2版.北京：高等教育出版社,1994.

［6］　陈作模.机械原理学习指南［M］.北京：高等教育出版社,2008.

［7］　Chen Fan Y. Mechanics and design of cam mechanisms［M］. Pergamon Press Inc. 1982.

［8］　葛文杰.机械原理常见题型解析及模拟题［M］.西安：西北工业大学出版社,2000.

［9］　张华弟.机械原理常见题型解析及模拟题［M］.北京：国防工业大学出版社,2004.

［10］　刘立.机械原理习题详解［M］.北京：机械工业出版社,2005.

［11］　孟庆东.理论力学简明教程［M］.北京：机械工业出版社,2012.

［12］　上海交通大学机械原理教研室编.机械原理习题集［M］.北京：高等教育出版社,1985.

［13］　来虞,孙可宗,孙桓.机械原理教学指南［M］.北京：高等教育出版社,1998.

［14］　孙桓,李继庆.机械原理学习指南［M］.北京：高等教育出版社,1992.